貶(おとし)められた司令塔

危機に立つ巨大組織農協（ＪＡ）　求められる新基軸

福間莞爾

推薦の言葉

この度、元ＪＡ全中の役員を務めた福間莞爾氏が本書をまとめた。内容は中央会制度の廃止を踏まえた今後の農協運動のあり方である。福間氏とは、かつてＪＡ水戸の代表理事組合長を務めていた八木岡努氏（当時の新世紀ＪＡ研究会代表）が「日本の種子を守る会」の会長をされていた関係で運動を共にする機会を得た。

時代は今、アメリカのトランプ政権の再登板に見られるように大きく揺れ動いており、今後のわが国の独立国としての矜持、また政治・経済のあり方が問われている。これまで日本の農業は工業優先のもとひたすらその犠牲にされてきており、その見直しが迫られている。

また同時に、信用・共済事業を兼営するＪＡが組織の本来目的である農業振興に果たす役割はますます大きくなっている。本書では農業振興として農協が農業版ワーカーズコープとして生産段階にまで踏み込んだ営農対策を持つべきとし、また准組合員対策として理論的には准組合員を農業振興の一方の担い手とし、実践的には農業振興に向けての運営参加を提唱している。

農業振興の基盤である生産の主体が30～40万という見通しの中でわが国の食料の安全保障は期待できない。今こそＪＡは重たい腰を上げて官民一体で農業生産主体の確立を行うべきであるという著者の願いは当然のことだろう。
一方でＪＡは諸制度で堅くガードされた組織でもあり、真の改革には苦手な面がある。本書で述べられているように、ＪＡは諸制度を進化発展させ、農業振興とＪＡ運動の転換を図ってもらいたい。本書が今後のＪＡ運動発展の糧になるよう、一読をお勧めしたい。

元農林水産大臣　弁護士　山田正彦

目次

第2章 農協改革の経過〜制度問題で完敗

第3章 中央会制度

第4章　准組合員制度

第5章　農協改革の総括・教訓

第６章　農協運動の転換

〈コラム〉

はじめに

25年ぶりに「食料・農業・農村基本法」が改正され、3年ごとに開催される農協の第30回JA全国大会が終わった。農協改革は2014年6月に政府による「規制改革実施計画」の閣議決定にはじまり、それは、政府による農協の経営指導の代行機関であった中央会制度が廃止されるという結末で終わった。2025年は中央会制度の廃止（農協法改正）が決まってちょうど10年目を迎える。

本書と同じ問題意識で、筆者はすでに『覚醒シン・JA～農協中央会制度65年の教訓』全国共同出版（2022年）を執筆したが、農協内での関心は低く10年たった今でもこの問題に論評を加える人は皆無に近い。

本書は、中央会制度の廃止決定後10年を経てようやく世に問う総括・反省の書であり、その上に立った今後の農協運動転換の書である。農協界はこの戦後最大の歴史的事件に茫然自失、とくにJA全中（「一般社団法人　全国農業協同組合中央会」、以下単に全中ともいう）は、その総括・反省を行っていない。

全中は自ら組織の存在を否定されたのであり、何故そのような事態になったのか原因究明するのはあたり前のことなのだが、それさえできていない。失敗について反省なき組織の将来は危うい。それは組織でも人でも同じことである。

全中が自らの中央会制度廃止の原因究明・総括ができないことは、そのことを踏まえた新たな農協運動の方向を示せないことを意味し、それは農協組織にとって致命的なことである。

全中が中央会制度廃止の原因究明をできないのは、自らにとって都合の悪いことなのか、あるいは原因究明をしようにもそれができないのか。また、もともと中央会制度は政府によってつくられたのであり、廃止について特別の感慨もないのか。いずれにしても、いまだその本当の理由は明らかにされてない。

反省・総括が行われないため、今回の農協改革は、農協関係者には何事もなかったように受け取られている向きもあるが、それは大きな事態認識の誤りである。農協運動は中央会制度の廃止によってこれまでのすべての面で見直しが迫られている。

例えばその一つは、今後農協が窮地に陥った場合に、主務省たる農水省が必ずしも農協の味方になってくれるとは限らないということである。

筆者が体験した、総務庁による「行政監察」や「住専問題」の農協叩きの際には、農水省は常に農協サイドの味方になり、むしろ共に戦ってくれた。それは農協組織にとって計り知れない力になったが、中央会制度が廃止された今その保証はない。

農水省の後押しがなくても自ら農協批判に耐えうる力を持つことを農協は今から準備していかなければならない。問題が起こってからでは遅いのであり、農協は早急にその対策を考えて行かなければならない。それは大変なことである。

そこで前掲の拙著『覚醒シン・JA』でも述べたが、中央会制度崩壊後10年にあたり、改めて筆者なりの総括を行い、今後の農協運動の方向付けについて述べておきたい。

新たな農協運動の中心的な課題は、農協は本来どのような存在であるかの原点に帰った組織理念の再構築であり、それに基づく農業振興の抜本策と准組合員対応である。この点、全中がその総括を行なっていないため、これまでにとられてきた農協の地域協同組合論による運動方針が今も続けられている。

一方で、これまで農協がとってきた地域協同組論による運動方針は、10年前の農協法改正（2015年）によって全面的に否定されている。農協にとってこれ以上の悲劇はないというべきであろう。巨大組織農協の行く末は、どうなっていくのだろうか。

農協改革はもう終わったことであり、済んでしまったことを今さらどうこう言ってもはじまらないという声が返ってきそうだが、今回の農協改革はその経過といい結末といい、農協関係者にとっては終わったことでは済まされない大問題が残されたままなのである。

中央会制度がなぜ廃止されたのか、その原因究明・総括が行われないのははっきりした理由がある。それは中央会制度廃止の原因が、2007年の参議院選挙以来全中がとってきた自民党とペアを組んだ主に密室議論による政治戦略にあり、中央会制度廃止の原因究明・総括を行えば、全中は自らの運動や政治戦略そのものを否定することになるからである。

その上に、このことについては、何より敗戦の総括・反省についてペアを組んだ自民党がそれを許さなかったという事情が絡んでいる。

ここに特定政党と必要以上に深い関係に陥った場合に不利益を被る協同組合運動の危うさがあり、そのために過去の過ち・教訓を踏まえICA（国際協同組合同盟）が定める協同組合原則では、その第4原則で自主・自立を謳っているのである。

改めて農協運動を考えてみると、それは大きくは政治的対応戦略と運動理論によって構成される。今回の農協改革で全中がとった農協運動の方向は、政治的対応戦略としては自民党との密室議論による戦略であり、運動理論としては地域組合論であった。

本書で述べる通り、中央会制度がなぜ崩壊したのかは、全中がこうした農協運動を展開してきた結果だったのであり、全中は政治的対応戦略の失敗と地域組合路線により、中央会制度を失ったのである。

本書では、①自主・自立の農協運動、②地域組合論、③協同組合論などの点について農協改革の結末、とくに中央会制度の廃止についての原因究明・総括を行っているが、全体として言えることは、農協は制度への依存、もしくは制度依存を超えた制度の悪用によって今回の事態を招いたということである。

第2次大戦後の農協を支えてきた大きな制度は、①中央会制度、②総合農協制度（信用事業兼営）、③准組合員制度の3つであり、農協はこの3つの制度を専ら自らの組織・事業拡大のために活用してきた。結果は比類なき農協組織の発展・巨大化と他方で農業の衰退であった。

農協関係者は研究者を含めて、農業振興は国の責任であり農協はそのサポート役として協同組合として存在していけばいいと考える人が多いようだが、果たしてそのような考えで農協は存在していけるのだろうか。また、自分たちがやっていることはすべて正しく、悪いのは政権与党・政府であるということで社会的正義は実現できるのか。今回の農協改革を見て考えさせられることが多い。

このことに関して、農業振興については、農協も協同組合セクターとして当然に応分の責任があるし、社会的正義の実現にはほとんどの場合、当事者自身に大きな問題がある場合が多い。在日米国商工会議所の意見を入れた政府の農協改革を本当の意味で跳ね返す力は、農協の日々の活動であり、自主・自立の農協運動である。

今回の農協改革で農協は、中央会制度の廃止というこの上ない打撃を被ったのだが、その原因・責任のほとんどはこの制度の恩恵に浴していた当の全中や農協にあったと筆者は考えており、それは本書に目を通された大方のご理解を得られることだと思う。

本書では、全中がとった前述の政治的対応戦略の失敗について、２００７年の参議院選挙以降、中央会制度が廃止になった経緯をかなり詳細に述べている。このことについては、筆者自身がかつて身を置いた組織のことだけに気が進まず心が折れそうになったことも度々であった。

だが、全中に籍を置いた者の誰かがその実情を明らかにし、問題の本質を誰もが共有できるようにする義務があると考えたため、勇気を奮ってパソコンキーを叩いてみた。この点について、全中関係者には中央会制度の廃止について、なぜそれを阻止できなかったのかと自責の念を持つ人が多く、この間の事情を語る人がほとんどいない。

それでも、心ある全中有志（とくにＯＢ）の方々から絶え間ない励ましの言葉を頂いたのは、心の支えになった。厚く感謝申し上げたい。こうした励ましの力がなければ、本書が世に出ることはかったであろう。

現在の筆者は全中にとっては部外者であり、ここで述べていることはほんの氷山の一角で、別の角度からの見方もあろう。そこは、全中はじめ農協関係者の皆様で是非修復して頂きたい。

また、本書で述べる農業が持つ「基本価値」の実現は、現代社会において極めて重要な問題意識であり、このことを踏まえて農協は新たな方針のもと、正・准組合員が一体となって総力を挙げて農業問題の解決に向かうべきと思う。

「農業の基本価値~食料の安定・安全供給と自然・社会環境の保全」に基づく新たな農協運動は、これまでの農業振興に加え、農業の産業としての使命・役割を果たす農協運動であり、社会改革の運動でもある。

それは決して、単に農協組織を守ることだけを目的とするものではなく、それは真の意味で総合農協制度と准組合員制度を農協組織の本来的使命である農業振興に生かすことであり、農協がこの両制度に寄りかかることなく、その活用をさらに進化させていくことに他ならない。

全中が掲げた農協の「創造的自己改革」とは本来こうしたことを意味していたと考えるべきだろう。いずれにしても中央会制度の廃止によって戦後農協運動の一時代は終わったのであり、いま農協運動は未開の地に足を踏み入れている。

筆者は1965年に全中入会以来、中央会制度の真ん中に身を置いて仕事をしてきた。

1965年3月に竣工した農協ビルに4月から通勤を始め、旧農協ビルが三菱地所に売り渡され、新しいＪＡビルが今の場所に移った時をもって全中を去った。

筆者の人生は、東京大手町1の8の3の旧農協ビルとともにあり、今にして思えばそれはまさに中央会制度の爛熟期とも言うべき時代でもあった。

全中を辞めて以来、筆者はＪＡしまね初代代表理事組合長（元ＪＡいずも代表理事組合長）を務めた萬代宣雄氏が農協の組合長有志による「新世紀ＪＡ研究会」をつくられてからのご縁で、18年にわたってボランティア活動としてその事務局を務めさせて頂いている。

以上の筆者の来歴が本書執筆の背骨になっており、今回の農協改革への関心・執筆は何か因縁めいたものさえ感じる。それには同時に、筆者の責任感のようなものとの裏返しでもある。

本書で述べている内容は、研究会の皆さんの意見と重なる部分もあるが、専ら筆者の考えであり、「新世紀ＪＡ研究会」とは直接関係がないことをはっきり申し上げておく。なお、本書は一部ドキュメンタリータッチの手法を取り入れている。それは全中が行った農協改革対応の実態を広く農協関係者に知ってもらいたいという筆者の思いからである。

本書では過去の参議院選挙（山田選挙）のことを取り上げているが、それは本年7月に行われる参議院選挙とは直接の関係がないことをお断りしておく。本書が結果として参議院選挙前の出版になったのは、ひとえに執筆が遅れた筆者の怠慢によるものである。

また、文中の登場人物の肩書は、原則として書かれている状況当時のものであることをお断りしておく。本書がこれからの農業の発展と新たな農協運動の展開に少しでも寄与できれば。これに優る喜びはない。皆さまのご批判を頂ければ幸いです。

2025（令和7）年4月

福間莞爾

序章

いま、農協組織は大きな課題に直面している。２０１５年の農協法改正によって中央会制度の廃止を含む戦後最大の農協改革が行われ、また、25年ぶりに「食料・農業・農村基本法」の改正が行われた。農協はこの困難な問題に直面して今後どのように運動を展開していくべきか、その真価が問われている。

このような状況に対処するには、今回の農協改革（２０１４年～２０２１年）がどのような意味を持ち、農協が今後農業に対してどのように向き合っていくかの基本論議を行っていくことが欠かせない。

ところが、農協運動の頂点に立つ全中は事態の変化に平静を装い、これまでの農協の取り組み方針は正しかったとして、ひたすら「自己改革」運動を展開してきた。自己改革とは誠に農協らしい言い方で、農協組織の独善的な性格をよく表している。

その意味するところは、要するに改革は自分で行うというもので、他人にとやかく言われるものではないというものだが、この自己改革は政府が行った農協法改正とは反対の道を歩む農協運動の進め方であり、今は問題がないように見えても、農協組織の将来に大きな禍根・亀裂を生みだすことは間違いない。

中央会制度の廃止については、戦後の農協運動を考えるうえで最大の問題であったが、このことについて、当の全中のみならず学者研究者の間でも本格的な論評を加える者がいないのは一体どうしたことだろうか。このことは制度に過度に依存した農協運動および農協論の限界を表しているように思える。

それはともかく、本章ではこれまで農協運動の理論的支柱になってきた地域組合論について述べておきたい。地域組合論については、大づかみに言えば、農協は農業振興を目的とした組織であるが、それと同時に、もう一方で地域振興という二つの目的を持った組織であるという主張である（ちなみに、農協は農業振興と地域振興という二つの目的を持った組織であるという主張を、筆者は「2軸論」と呼んでいる）。

（注）農協法の第1条では、「この法律は、農業者の協同組織の発達を促進することにより、農業生産力の増進及び農業者の経済的社会的地位の向上を図り、もって国民経済の発展に寄与することを目的とする」となっており、農協組織の目的に地域振興は入っていない。

こうした地域組合論について、それが破綻したということが今回の農協改革の主題であるが、このことについて当の全中はもとより、学者研究者においても問題にする人はほとんどいない。

地域組合論が今回なぜ破綻したといえるのか、その論拠は主に二つの側面から説明できる。一つは農協組織の内的事情からである。関係者には周知のように、今回の農協改革の最大の山場は、２０１５年の２月に政府与党から「准組合員の事業利用規制をとるか中央会制度の廃止をとるか」の将棋でいう王手飛車取りの手に対して、萬歳章全中会長らＪＡグループ首脳は、中央会制度の廃止を受け入れたことにあった。

言い換えれば、農協はこの提案の二つとも拒否することができなかったのである。ＪＡグループがなぜこのような事態に追い込まれたのかは後に述べるが、ともかくもこの時点でＪＡグループは中央会制度を捨ててまで、准組合員に対する事業利用規制を免れる道を選んだのである。

その直接的な理由は、農業者・農家ではない農協の准組合員が全国で６００万人を超え（これに対する農業者・農家たる正組合員は４００万人）、農協の事業活動（とくに信用・共済事業）において大きな比重を示すに至っており、准組合員の事業利用に何らかの制限が加えられれば農協組織は立ち行かなくなるという切実な事情があった。

こうした見方は農協界においては一般的なものであり、誰も異議を唱える人はいないだろうが、こうした状況を生み出した背景にはそれまで農協が進めてきた地域組合論の存在があった。

今回、政府与党から准組合員に対する事業利用規制を突き付けられて、農協は地域組合論を対抗の武器にすることができずなす術がなかった。それはまさしく、地域組合論の破綻と言ってよい。破綻という表現はきつく受け止められるかも知れないが、長年全中という職場にお世話になり、空気のごとく当然と思っていた中央会制度が一瞬のうちに消滅してしまったことを考えれば、そのように表現することも許されるだろう。

実際、後述するように、２０１４年5月に准組合員の事業利用は正組合員の事業利用の二分の一を超えてはならないという規制改革会議（農業ワーキンググループ）の意見書が出されて以来、半年以上の十分な検討期間があったにもかかわらず、自らの主張に説得力を持たせることができず、全中は２０１５年2月に自らの中央会制度の廃止と引き換えに准組合員制度の温存をはかった。

つまるところ、全中は准組合員制度の改変に関する政府与党からの提案について、かねてからの地域組合論（地域インフラ論～後述）に基づく自らの正当性を説明できず、手も足も出せなかったのであり、この事実を農協関係者はもっと深刻に考えるべきである。

後でも述べるが、農協法改正後5年間の見直し期間を経て准組合員制度の改変に手が付けられなかったのは、中央会制度の廃止はいくら何でもやり過ぎという自民党の判断によるもので、制度そのものが持つ矛盾は理論的にも実践的にも何一つ解消されたわけではない。

「のど元過ぎれば熱さ忘れる」の例え通り、農協界ではこの問題は既に終わったという雰囲気も漂うが、それはとんでもない事態認識の誤りである。再びこの問題が蒸し返された場合、農協はどのように対処するつもりなのだろうか。農協では、いまの自らの准組合員対応を「水遁（すいとん）の術」と評する人もいると聞くが、それは悪い冗談と受け止めるべきであろう。

さらに付け加えれば、今回の農協改革で准組合員の事業利用規制が提案されるまでは、農協の准組合員対応は何ら指弾されることはなく、農協は農協法に抵触することなく事業を行ってきただけのことであった。

実は、筆者も現実に行われている農協活動の実態から、地域組合論で農協を説明することも差し支えないだろうと考えていた。だが、今回の准組合員の事業利用規制の提案や農協法改正の内容を見て、農協が地域組合論で今後の農協運動を展開していくことは不可能との認識を新たにした。

今回、政府から准組合員について制度の改変ともとれる准組合員の事業利用規制が提案された以上、農協はこれに対する理論武装と実践活動を本気で考える必要に迫られていると認識するべきである。それは従来の地域組合論の抜本的見直しに他ならない。

もう一つは、農協を取り巻く状況の変化である。政府は今回の農協改革で改めて農協は農業振興を旨とする組織に徹底すべしとしたが、これは何も今に始まったことではない。政府はガット・ウルグァイ・ラウンド農業合意のもとでの1992年の「新しい食料・農業・農村政策の方向」（新政策）の策定を受けて、1999年にそれまでの「農業基本法」に変わって「食料・農業・農村基本法」を制定した。

後にも述べるが、この状況のもとで2001年に農協法が改正されており、内容は農協法第1条の目的規定を改正し、農協は農業振興の手段であることが明確にされ、同時に農協の第1の事業は営農指導事業であるとされた。このときすでに農協は従来の地域組合論からの転換を迫られていたというべきであった。

（注）2001年の農協法改正で、第1条（農協法の目的）は、「この法律は農業者の協同組織の発達を促進し、以て農業生産力の増進及び農業者の経済的社会的地位の向上をはかる」から「この法律は農業者の協同組織の発達を促進することにより農業生産力の増進及び農業者の経済的社会的地位の向上をはかる」（下線は筆者）に改正された。

これにより、改正前は農協組織の発達・促進と農業振興は同等の位置にあったように見え、少なくとも農協という組織を育成するという意図が明確にあったものが、改正により農協組織の発達・促進は農業振興の単なる手段にされたのである。

付言すれば、この改正について地域組合論者からの問題提起はほとんどなく、意識的に無視されているように思える。

以上のような事情から、われわれは、今回の農協法改正を契機に従来の地域組合論を見直し、新たな農協論を確立すべき時を迎えていると考えなければならない状況にあると考えるべきである。

今回の農協改革に対する何の反省もなく、以前と同様な農協運動を続けて行けば、問題は必ず再燃する。その時には、すべての点で手遅れになることは確実だ。そのような事態に直面し、政府がそこまで考えるならしょうがないとあきらめるのも一つの方法かも知れない。筆者には、今の農協の対応を見るとそうした事態になることを待っているようにしか見えない。

だが世界的にみても類例が見られない折角の総合農協制度と准組合員制度の仕組みを、農業振興に役立てることを真剣に考えるべきと思う。それはまた、新しい「食料・農業・農村基本法」が唱える食料の安全保障の期待に応えることでもある。

これまで農協は一貫して農協からの信用・共済事業の分離に対して反対の立場をとってきている。だが今回の農協改革を通じて、これからは農協からの信用・共済事業の分離だけでなく、生協や信用・共済組合、さらには会社組織への転換など、自身の組織分割が求められる時代に入っていると認識すべきであろう。

これからの農協運動にとって重要なことは、本書で述べる通り①農業振興の抜本策と②准組合員対策の推進であるが、その肝は、農協は農業振興を旨とした組織であることを組織の内外に明らかにし、そのことを実践し理解を得ることである。

その際、地域組合論（2軸論）による運動ではこの問題に対処することはできない。地域振興は農業振興の結果であり、農協は農業振興と地域振興の二つを目的する組織であると主張することは、農協組織の分裂・分断を促すようなものである。

今回の農協改革において、准組合員制度改変（地域組合論の否定）について問題提起がされたことで、農協分割に向けた時限爆弾のスイッチが入った。それも農水省の援護装置を持たない時限爆弾であり、それは農協にとって想定しただけで身震いするほどのものだ。この点、農協組織は「准組合員の意思反映」という言葉の意味をあまりにも甘く見過ぎている。

組織分割がいつどのような形で表面化するかは不明であるが、今からそれに備える理論武装と実践活動の積み重ねが求められている。時限爆弾爆発の時刻までに農協の準備が間に合うかどうか。農協の取り組み次第でその時刻は先延ばしにもされる。

この問題は、わが農協ではそのようなことはすでにやってきている、一方でわが農協にとってすぐに取り組むべき優先課題ではないなどの個別の農協の事情によって考えるべきものではない。

全中が協同組合運動の司令塔の役割を果たそうとするのであれば、早急に地域組合論から脱却した新たな農協の運動方針を明らかにすべきである。制度依存の農協は、いたってのんびり構えているように思えるが、今、手をこまねいている場合ではない。

〈コラム〉2軸論

2軸論とは農協論において、筆者が初めて使った地域組合論に関する造語である。2軸論とは、農協は農業振興と地域振興の二つの目的を持つ組織であると主張することを言う。

一般的に、農協は農業振興と同時に地域振興の役割を担うという意味で農協を地域組合であるというのに何の問題もない。ただしそれは、あくまでも農業振興を通じての地域振興なのであり、その意味から、「農協は農業振興を通じて豊かな地域社会を建設していく組織である」という農協理念は適切なものだ。

地域組合論者は、ことあるごとに地域を重視した発言をするが、協同組合は共同体と機能体の統合組織であり、およそ地域に依拠しない協同組合などはあるはずがない。問題は、一部の地域組合論者が主張するように、農協は農業振興とともに、信用組合・共済組合や生協などの農業振興以外の組織目的を内包する組織であると理解することである。

この主張は法律的には、農協法第1条の目的に農業振興以外の地域振興を加え、かつ現状のような正組合員と准組合員の資格をなくせということを意味している。

農協の実態はそのようになっており、実態に応じて法律を変えろと言う意味からすると一面で正しいともいえるが、他方で日本における協同組合は農協、漁協、生協などと産業別・目的別に法整備が行われている。

したがって、現行の法制度の下で2軸論を主張すれば、農協法第1条を改正するというより、農協組織の目的に則さない部分は他の組織に分割せよということになる。現に2015年の改正農協法では、そのことが明記されている。

こうした地域組合論の問題点は、農協の現場ではその内容を知る人が少なく、また関心を示す人も少ない。地域組合論の問題点もしくは弊害については色々あるが、その一つを取り上げれば、地域組合論が農協関係者に、農協は必ずしも農業振興を目的とした組織ではないことを認識させることである。これでは農協関係者に、背水の陣で農業を守るという意識は生まれない。

一部の地域組合論の学者は、公然とそのことを日本農業新聞等で主張しているが、それは農協関係者に計り知れない負の効果をもたらしていることをしっかり認識してもらいたいものである。

地域組合論が問題なく主張されてきたのは、かっての中央会制度や准組合員制度が盤石に農協を支えてきたからであり、中央会制度が廃止され准組合員制度の改変が提起された今、農協関係者は深くこの問題を考え直さなければならない事態にある。

第1章　農業と農協の推移と課題

要点

戦後農政の到達点は、農業生産主体の脆弱性である。これは農業という一国の産業の確立において何にもまして最重要の懸念であり問題である。25年ぶりに改正された「食料・農業・農村基本法」では食料の安全保障の観点から様々な方策が打ち出されているが、農産物生産価格の流通業者および消費者への価格転嫁に象徴されるように、政府は今まで以上に農業への財政出動をする気は無いようである。

構造的な人口減少が進展する中、農業生産主体の構築をはかるためには、これまでの常識を超える農業生産方法（農法）の確立と、消費者の理解を得た官民を挙げた取り組みが求められる。こうした中で、信用事業を兼営する総合事業制度、准組合員制度をもつ農協の農業振興への役割発揮の責任は極めて重大である。農協は農業版ワーカーズ・コープ（労働者協同組合）の機能を果たすべく、新たな農協理念構築のもと、全力でこの重要課題に取り組まなければならない。

第1節　農業の推移と課題

1．農業生産活動の主要指標

日本が第2次大戦後、高度経済成長期に入った1961（昭和36）年に「農業基本法」

が制定された。それは他産業との所得格差の是正、農業生産の畜産・園芸等の選択的拡大を目指したもので、１９９９年に「食料・農業・農村基本法」が制定されるまで、農業政策の憲法としての役割を果たしてきた。

その後、ガット・ウルグアイラウンドの農業合意により、コメを除く日本の農産物貿易の全面的な自由化が進められる中で、１９９９年にはそれまでの農業基本法に代わって「食料・農業・農村基本法」が制定され、２０２４年には25年ぶりに同法が改正された。

「農業基本法」の制定後、２０２４年の「食料・農業・農村基本法」の改正までのこの間の歴史を振り返ると、日本農業は、自由貿易の国是のもと農産物貿易の自由化の波に翻弄され続けてきた期間であった。またこの期間は、すでに１９７０年以降に総合農政が進められたように、コメ生産の抑制、他作目への転換が行われてきた時期でもあった。

この間、農業生産活動の主要指標によって農業基本法制定以来の今日までの日本農業の推移についてみると、**（表1）**のようになっている。大づかみにいえば、１９６０（昭和35）年に比べて農業就業者数は7分の1に、農地面積は約4分の3以下に減少し、農業経営体数は、２０２２（令和４）年には、１００万経営体を下回るに至っている。

2000（平12）年	2020（令2）年	2024（令6）年
9兆1,295億円	8兆9,369億円	9兆4,991億円
290万人	194万人	
4.50%	2.90%	
237万経営体	108万経営体	88万経営体
1.20%	3.6%（団体経営体の割合）	4.6%（団体経営体の割合）
312万戸	175万戸	
12,693万人	12,615万人	12,396万人
483万ha	437万ha	
	9.0万ha	
34.3万ha		

.の農業を行う者又は農作業受託を行う者。平成12年の結果は「販売農家」、「農家
:」を合算した値であり、組織経営体は「販売農家」以外を合算した値。
;的農家を合わせたものである。なお、昭和35年～55年については経営耕地面積が
5年は10万円以上）の世帯。

また、農業の経済的位置づけに関する国際比較は（表２）の通りであり、対ＧＤＰ比でみた農林水産業総生産の割合は他の欧米諸国と同程度、国土面積に占める農用地面積の割合や平均経営面積は欧米諸国と比べて低い水準にある。

とくに、わが国農業を支える基幹的農業従事者については高齢化が進行し、２０２３（令和５）年における基幹的農業従事者は１１６万人、年齢構成は70歳以上の層にピークがあり、平均年齢は

（表1）農業生産活動指標の推移

	1960（昭35）年	1980（昭55）年
農業総産出額		10兆2,625億円
農業就業者数	1,273万人	512万人
全産業就業者に占める農業就業者数の割合	28.70%	9.20%
農業経営体数		
農業経営体数に占める組織経営体数の割合		
農家戸数	606万戸	466万戸
総人口	9,342万人	11,706万人
農地面積	607万ha	546万ha
再生利用可能な荒廃農地面積		
耕作放棄地面積		12.3万ha

注）農水省ホームページより。2024年の農業総産出額は2023年の数値。
（用語の解説）
農業経営体：経営耕地面積30a以上若しくは農産物販売金額50万円に相当する規模
以外の農業事業体（販売目的の事業体及び牧草地経営体）」及び「農業サービス事
農家：経営耕地面積10a以上又は農産物販売金額15万円以上の世帯で、販売農家と
東日本は10a以上、西日本5a以上で農産物販売金額が一定以上（昭和35年は2万円以上

68・7歳となっている。基幹的農業従事者の年齢構成について、65歳以上が占める割合は、主要国と比較して突出して高くなっている（表３）。

また、「食料・農業・農村基本法」で掲げたカロリーベースでの食料自給率は、45％の目標に遠く及ばず38％前後で、長期的に見れば低下傾向で推移しており（2023年ではカロリーベースで38％、生産額ベースでは61％）、食料の安全保障の面からも危惧される状況にある（表４）。

（表２）農業の経済的位置付けに関する国際比較

	日本	米国	EU(27)	仏	独	英国	豪州	中国	韓国
農林水産業総生産（億米ドル）	426	2,708	2,874	531	375	236	423	13,742	275
対GDP比（%）	1.0	1.1	1.7	1.9	0.9	0.8	2.4	7.7	1.6
国家予算に占める農業関係予算の割合（%）	1.3	1.1	-	3.7	1.0	0.4	0.5	8.6	3.9
農林漁業就業者数（万人）	207	267	836	74	53	34	30	16,930	155
対全産業就業者数比（%）	3.1	1.6	4.0	2.6	1.2	1.0	2.2	22.6	5.4
農用地面積（万ha）	466	40,581	16,291	2,855	1,660	1,722	36,352	52,070	160
国土面積に占める割合（%）	12.3	41.3	38.3	52.0	46.4	70.7	46.0	54.4	16.0
農業経営体数（万戸）	93	190	907	39	26	22	9	17,467	100
平均経営面積（ha/戸）	3.4	187.8	17.1	69.6	63.1	80.8	4,430.8	0.7	1.5

資料：FAOSTAT、国連統計、ILOSTAT、農林水産省大臣官房統計部「農業構造動態調査」、輸出・国際局資料。
注：中国は、香港、マカオ及び台湾を除く。

（表３）基幹的農業従事者の年齢構成（令和５年）・各国の農業従事者の年齢構成

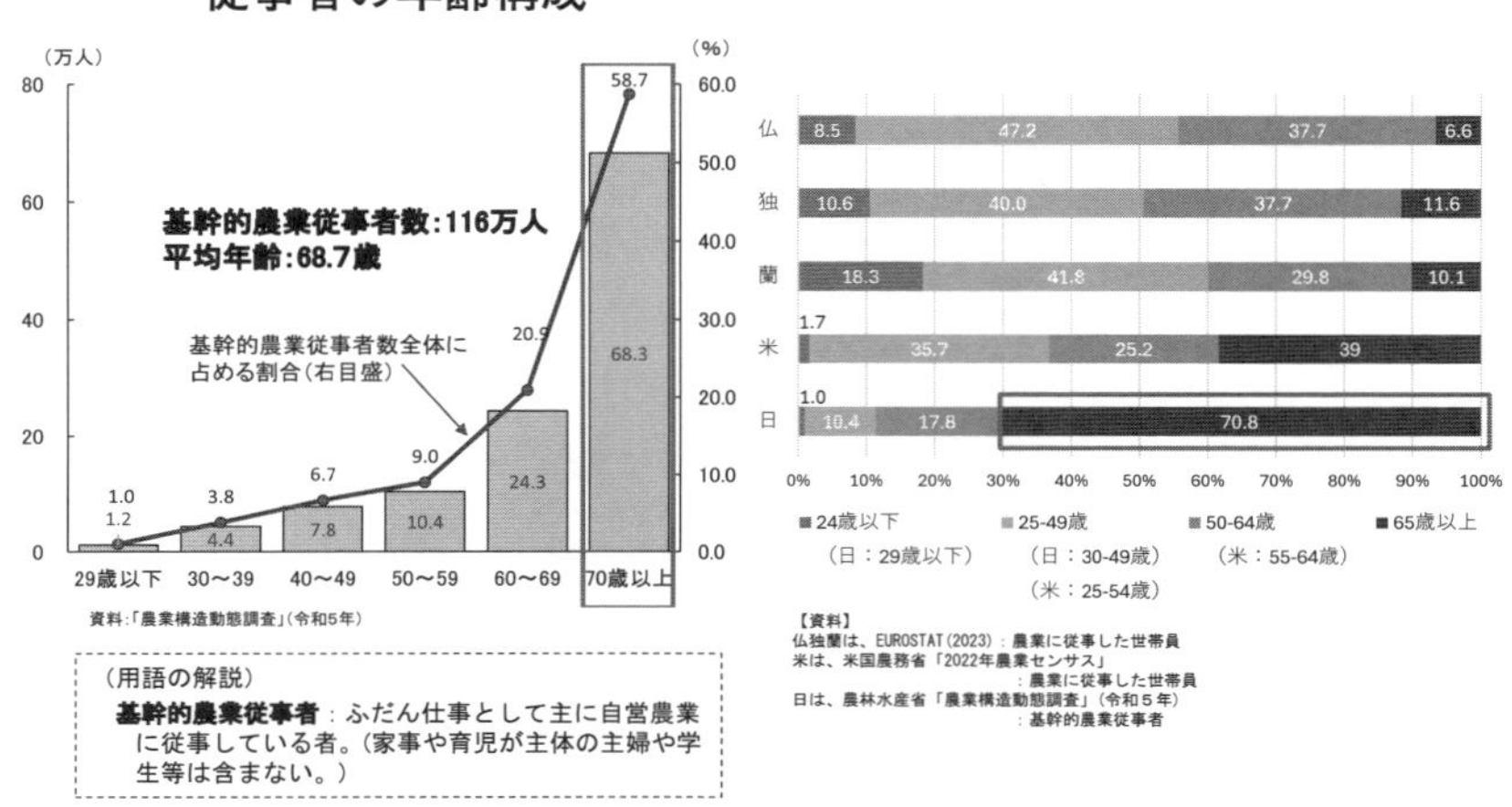

（用語の解説）
基幹的農業従事者：ふだん仕事として主に自営農業に従事している者。（家事や育児が主体の主婦や学生等は含まない。）

2.「食料・農業・農村基本法」の改正

今回、25年ぶりに「食料・農業・農村基本法」の改正が行われたが、農水省の説明によればそれは次のような内容である。

（1）基本法見直しに当たっての基本的な考え方

基本法については、制定から20年以上が経過する中で、これまでの社会情勢の変化や今後の見通し等を踏まえながら、将来に向かって持続可能で強固な食料供給基盤の確立が図られるよう、以下の基本的な考え方に基づいて見直しを行う。

① 食料がいつでも安価に輸入できる状況が続く訳ではないことが明白となる中で、食料安全保障を抜本的に強化するための政策を確立する。その際、強固な食料供給基盤の確立の観点からも、「稼げる輸出」を拡大し、

（表４）我が国の食料自給率の推移

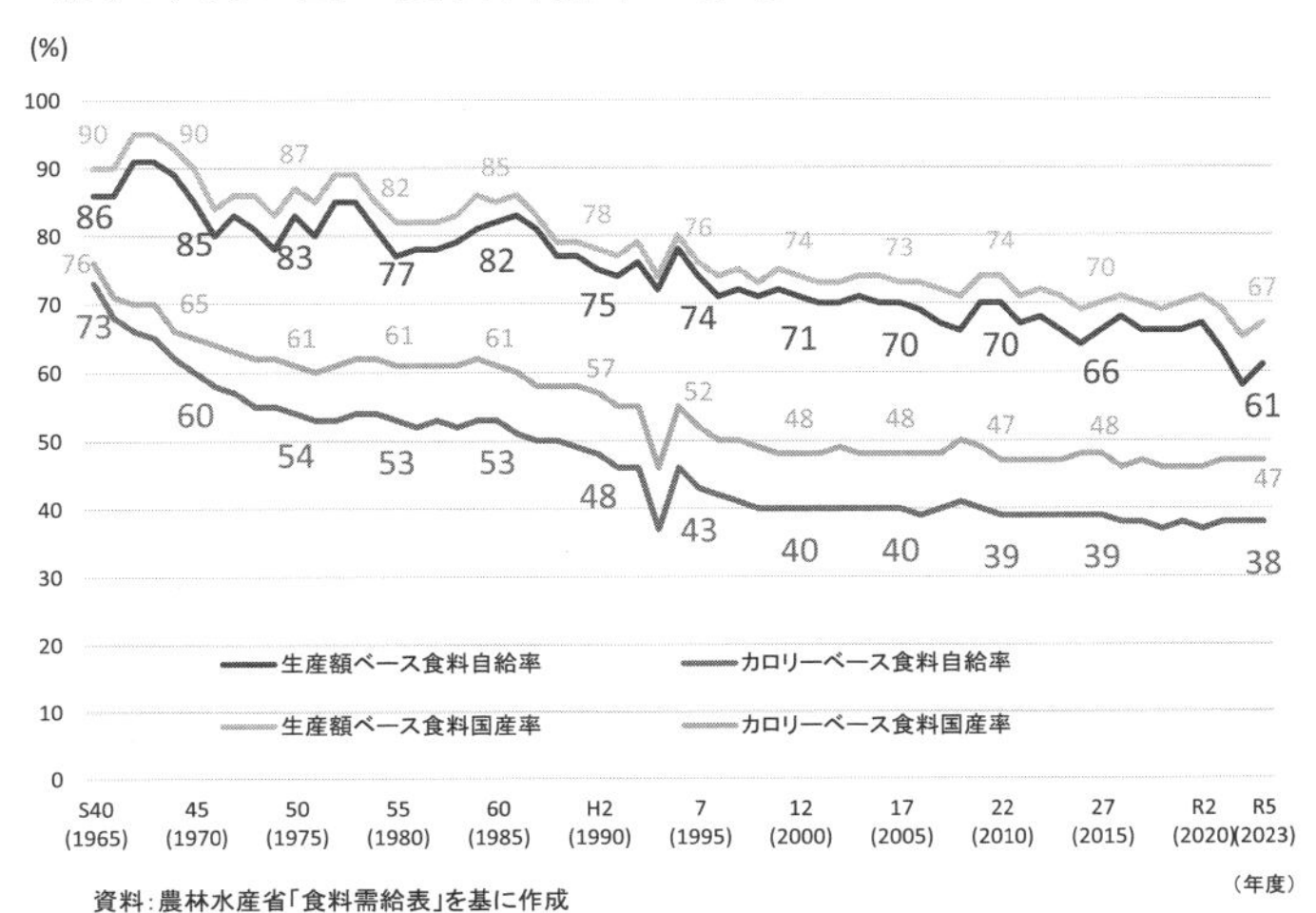

資料：農林水産省「食料需給表」を基に作成

農業・食品産業を成長する海外市場も視野に入れたものへ転換する。
②　カーボンニュートラル等の環境負荷低減等に向けた対応は、持続的な食料生産を確保するために不可避となる中で、農業・食品産業を環境と調和のとれたものへと転換するための政策を確立する。
③　農業・農村、特に中山間地域について、急激な人口減少によって担い手を確保することが極めて困難となる中で、生産水準を維持・発展させ、地域コミュニティを維持するための政策を確立する。
④　施策の効率化・統合・拡充を進め、将来にわたって安定的に運営できる政策を確立する。

(2) 具体的施策

1. 食料安全保障の在り方
2. 食料の安定供給の確保
3. 農業の持続的な発展
4. 農村の振興
5. 環境負荷低減に向けた取組強化
6. 多面的機能の発揮

7. 関係団体等の役割

〈参考〉
（１）「食料・農業・農村基本法」の改正前と改正後の基本理念（表５）
（２）基本法改正における基本理念と基本的施策（主なポイント）
〈基本理念〉
○食料安全保障の確保（第２条）
・国民一人一人の「食料安全保障」の確保
・国内の農業生産の増大、安定的な輸入・備蓄
・需要に応じた供給
・農業生産の基盤等の食料の供給能力の確保
・食料の供給能力の確保のための輸出の促進
・食料システムの関係者による、持続的な食料供給に要する合理的な費用を考慮した価格形成
・不測時の措置
○環境と調和のとれた 食料システムの確立（第３条）多面的機能の発揮（第４条）
・環境負荷低減を通じた 環境と調和のとれた食料システムの確立
・多面的機能の発揮
○農業の持続的な発展（第５条）
・望ましい農業構造の確立
・将来の農業生産の目指す方向性として、生産性向上 付加価値向上 環境負荷低減
○農村の振興（第６条）
・地域社会の維持
・生産条件の整備、生活環境の整備

〈食料施策〉

① 食料・農業・農村基本計画において食料自給率に加え食料安全保障の確保に関する事項の目標を設定し、毎年進捗を公表（第17条）

② 幹線物流やラストワンマイル等の国民一人一人の食料安全保障上の課題に対応するための円滑な食料の入手の確保（食料の輸送手段確保、食料の寄附促進の環境整備等）（第19条）

③ 食品産業の持続的な発展に向けた、環境負荷低減、円滑な事業承継、先端的技術の活用、海外展開（第20条）

④ 農産物、生産資材の安定的な輸入に向けた、官民連携による輸入相手国の多様化、輸入相手国への投資の促進（第21条）

⑤ 輸出促進に向けた、輸出産地の育成、輸出品目団体の取組の促進、輸出相手国における販路拡大支援、知的財産の保護（第22条）

⑥ 持続的な供給に要する合理的な費用を考慮した価格形成に向けた、関係者による理解の増進、合理的な費用の明確化の促進（第23条）

⑦ 不測の事態が発生するおそれがある段階から、食料安全保障の確保に向けた措置の実施（第24条）

〈農業施策〉

① 担い手の育成・確保を引き続き図りつつ、農地

（表5）改正食料・農業・農村基本法の基本理念の関係性（イメージ）

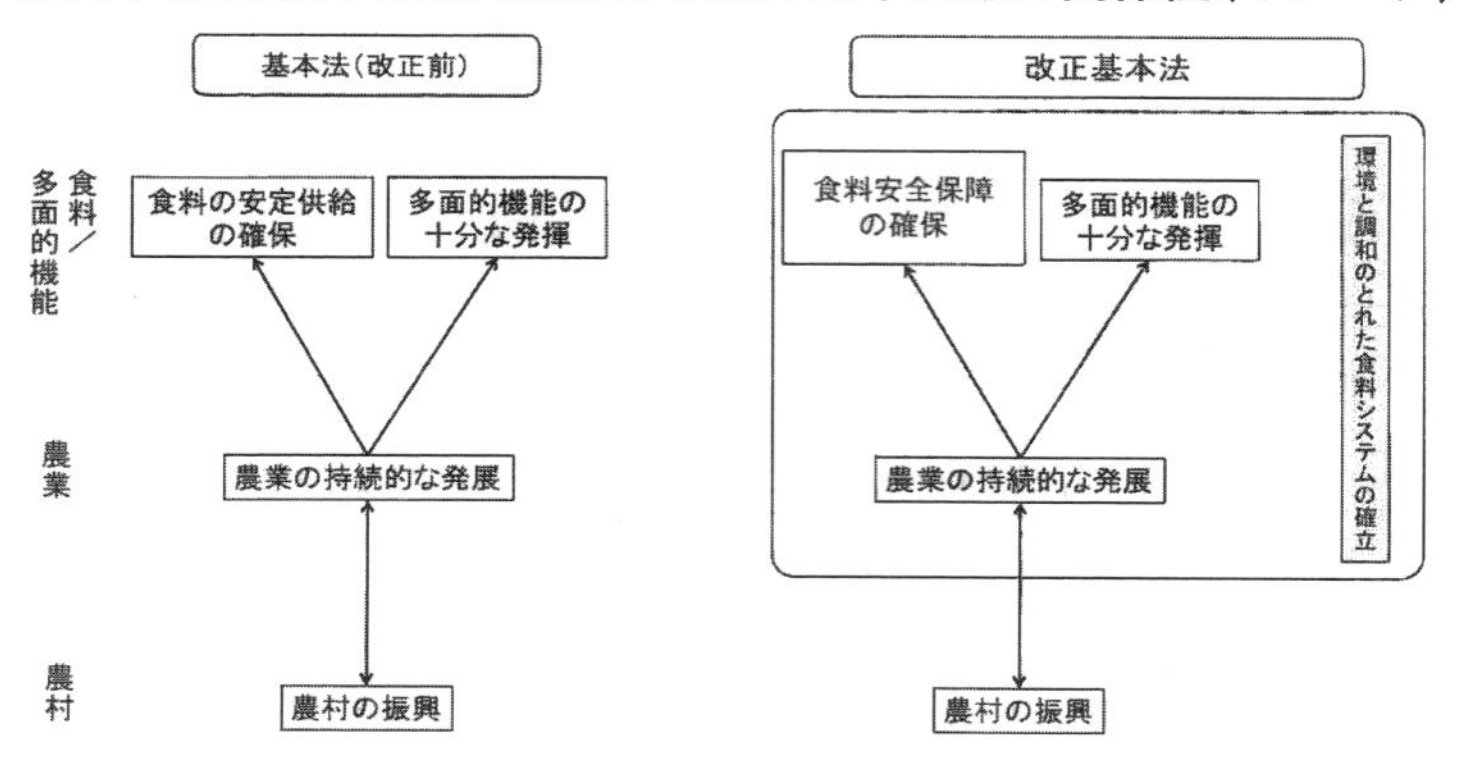

の確保に向けて、担い手とともに地域の農業生産活動を行う、担い手以外の多様な農業者も位置付け（第26条）

②家族経営に加えて、農業法人の経営基盤の強化に向けた、経営者の経営管理能力向上、労働環境の整備、自己資本の充実（第27条）

③農地集積に加えて、農地の集約化・農地の適切かつ効率的な利用（第28条）

④防災・減災、スマート農業、水田の畑地化も視野に入れた農業生産基盤の整備、老朽化への対応に向けた保全（第29条）

⑤スマート農業技術等を活用した生産・加工・流通の方式の導入促進や新品種の開発などによる「生産性の向上」（第30条）

⑥６次産業化、高品質の品種の導入、知的財産の保護・活用などによる「付加価値の向上」（第31条）

⑦環境負荷低減に資する生産方式の導入などによる「環境負荷低減」を位置付け（第32条）

⑧人口減少下において経営体を支える「サービス事業体」の活動の促進（第37条）

⑨国・独立行政法人・都道府県等、大学、民間による産学官の連携強化、民間による研究開発等（第38条）

⑩家畜伝染病・病害虫の発生予防・まん延防止の対応（第41条）

⑪生産資材の安定確保に向けた良質な国内資源の有効活用、輸入の確保や、生産資材の価格高騰に対する農業経営への影響緩和の対応（第42条）

〈農村施策〉

①農地等の保全に資する共同活動の促進（多面的機能支払）（第44条）

②農村との関わりを持つ者（農村関係人口）の増加に資する、地域資源を活用した事業活動の促進（第45条）

③中山間地域の振興に資する農村ＲＭＯの活動促進（第47条）

④農福連携（第46条）、鳥獣害対策（第48条）

⑤農泊の推進や二地域居住の環境整備（第49条）

3．主要課題

戦後80年、今日まで様々な農業政策が展開されてきたが、日本農業について現在の状況および将来を見通すと、安定した農業の生産主体の確立こそが最も大きな課題と認識できる。

２０２５年2月にはコメの店頭価格の上昇により農水省は政府備蓄米21万トンの放出を決めたが、これは流通段階における投機的思惑によってもたらされた側面があるものの、基本的には農業生産主体の確立が課題であることに変わりはない（令和の米騒動）。

こうした認識のもと、農協が本来の農業振興の役割を果たそうとする時、大きくは二つの観点が必要に思える。一つの観点は、農業問題は当事者たる農業生産者だけでは解決できないこと。もう一つの観点は、農協が農業生産の現場にコミットすることの重要性である。

（1）農業の産業としての使命と農協の役割（農協理念の再構築）

農業問題は農業生産者だけの努力では解決しないことはもはや常識となっている。１９６１年に制定された「農業基本法」では、農業振興は専ら農業生産者によるものと考えられていた。

ところが１９９９年に制定された「食料・農業・農村基本法」では農業問題の解決に

は、従来の農業振興に加え、その名の通り食料と農村が視野にとらえられている。このことは、農業問題の解決には農業者の努力はもちろんのことであるが、それに加え消費者や地域住民の理解と協力が不可欠であることを意味していた。

２０２４年の基本法改正では、このことに加え環境問題（自然環境の保全・社会環境の保全）が重要課題として提起されている。今回の改正では、ウクライナ戦争やイスラエル・パレスチナ戦争の勃発で、食料の安全保障が前面に出されているが、考えてみればもともと農業がもつ国の安全保障の役割はこれまでも議論されてきており、新しい問題提起ではない。

今回の「食料・農業・農村基本法」の改正が持つ意味は、新たに持続可能な農業振興として環境問題が大きなテーマになっていることに着目すべきであり、そうした意味からすると今回の改正は、新たな「食料・農業・環境基本法」の制定とも言うべきものとして考えられる。

また農業振興の定義という側面から考えると１９６１年に制定された「農業基本法」でいう農業振興は専ら農業者によるものでこれを狭義の農業振興と考えることができ、これに対して今回の基本法改正による農業振興は、農業者による農業振興に加えて食料と環境問題を視野に入れており、これを広義の農業振興と考えることができる。

また、こうした農・食・環境問題への取り組みを通じた広義の農業振興は、農業が持つ産業としての使命と考えることができる。

このような農業政策の新たな展開は今後の農協運動と密接な関係を持っており、農協関係者はこのことを深く理解すべきであろう。これまで農協は、組織拡大にとって都合の良い地域組合論による農協運動を展開してきたが、今後は農業振興という原点に帰って、「基本法」の改正に対応した新たな農協運動の展開が求められている（バック・トゥ・ベーシック）。

この点で、農協の正・准組合員（1000万人）が一体となって農業振興に取り組み、農業の産業としての使命確立の役割をはたすという農協の基本理念の構築こそが、今後の農協運動の展開にとって中心的かつ最大の課題である。

（2）農協の農業生産への関与

農業生産体制の確立について言えば、基幹的農業従事者数の年齢構成（2022年）は（表6）のようになっている。これによれば、基幹的農業従事者は123万人で平均年齢は67・9歳（2021年）となっており、70歳以上が69・5万人で実に全体の56・7%を占める。また、20年後の基幹的農業従事者の中心となるのは、今の50歳代以下の層で25・2万人（21%）となっている。

この表を見れば、将来の基幹的農業従事者の減少は明らかである。この結果から見れば、20年後に現在の農業生産力を維持するには現在の４倍以上の生産性の向上が求められるということであり、よほどの思い切った対策が講じられない限り、日本農業の生産力の維持は危うい。

この点について、北海道大学農学研究室野口伸院長は「基幹的農業従事者が２０５０年には20年比で４分の１になるという予測がある。もしその通りになれば、50年には一人当たりの作業量が今の４倍にならないと現在の食料自給力は維持できないことになる。

さらに従事者の高齢化も進行すると４倍どころか５倍、６倍は必要になろう。これはわが国にとって食料安全保障の観点で大問題である」と指摘している（日本農業新聞２０２３年10月30日付け「論点」）。

これが過去１９６１年の「農業基本法」

（表６）基幹的農業従事者数の年齢構成（2022年）

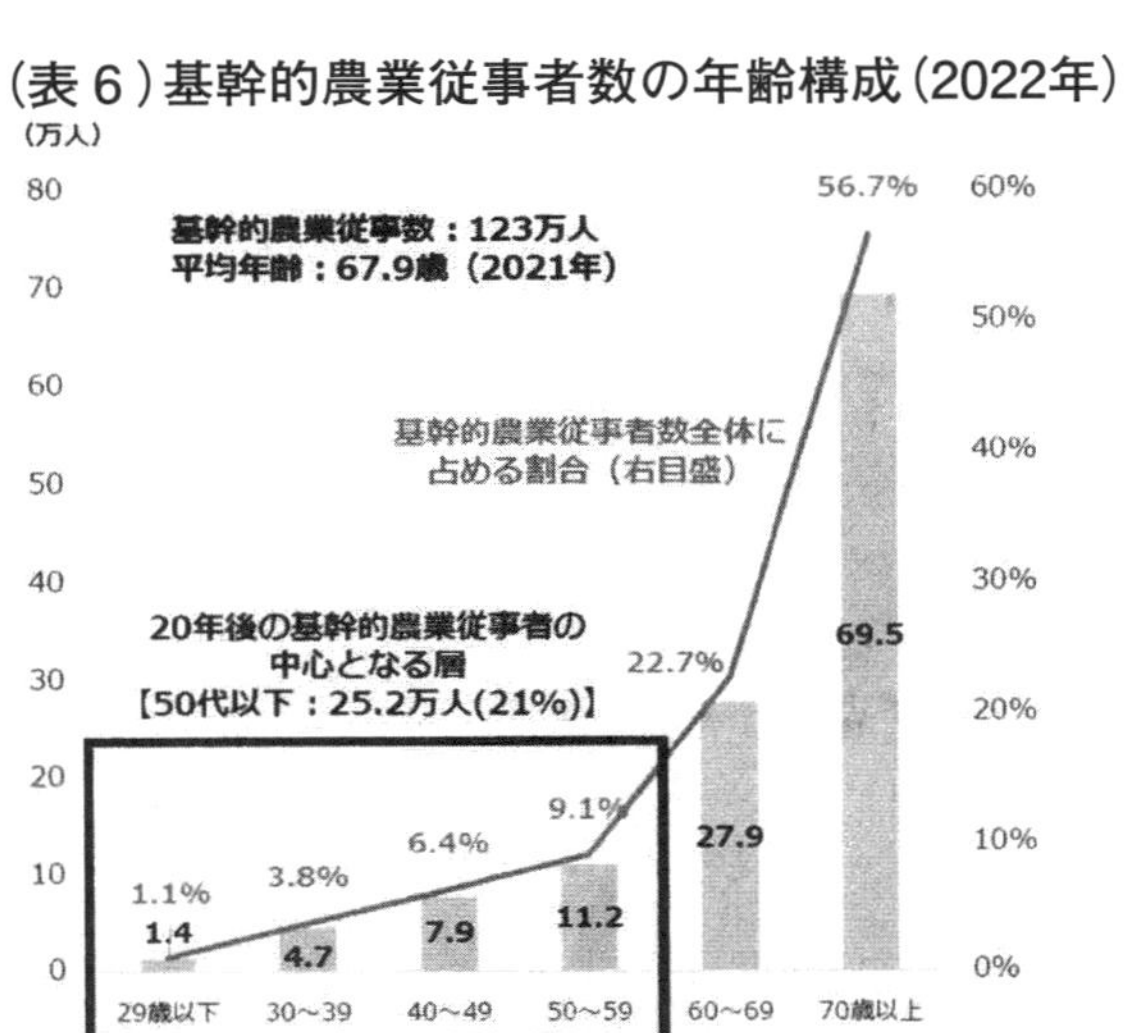

資料：農林水産省「農業構造動態調査」（2021年、2022年）
注：基幹的農業従事者とは、15歳以上の世帯員のうち、ふだん仕事として主に自営農業に従事している者（雇用者は含まない）。

の制定以来、半世紀以上にわたって進めてきた日本農業の姿である。当初の「農業基本法」では、これほどまでの農業の担い手の減少が見込まれていたかどうかは定かではないが、こうした担い手の減少は、主に農家の規模拡大によって達成されるように考えられてきた。

ところが、現実には個別農家の規模拡大には限界があり、普通作（稲作＋麦＋大豆等）では世帯の農業所得率は販売金額3000～5000万円がピークでそれ以上になると所得率が減少して経営効率が悪くなるとされている。（平石武農業利益創造研究所理事長『所得率から考える経営の適正規模』アグリウエブ・農林中央金庫）。

筆者は家族農業を否定する考えは毛頭なく、それで国の農業生産の主体が形成されて行けばいいとも思っているが、家族農業だけでそれが困難とすれば同時に別の対策を講じて行かなければならない。

農業生産体制の確立が個別農家の努力だけでは無理ということになれば、協同組合たる農協ではそれに代わる農業経営体の育成を同時に考えていかなければならない。農協はこれまで1960年代以降、営農団地構想、地域営農集団、集落営農という協同活動で農業の経営主体の確立を図ってきたが、この延長線上に位置づけられるのは農業の法人経営である。

農協における法人経営は、これまでの農家の個別経営の協同活動による経営主体確立の限界を克服する農業経営における農法の改善・確立をめざす、農業版ワーカーズ・コープとしての農協活動として位置づけられる。

これまでの農協による協同活動の到達点としての集落営農は、統一した農業経営のマネージメント体制がなく、構成員の高齢化等で大きな壁に当たっており、他方でスマート農業などは、大規模な農法改善などの前提条件がなければ導入は難しい。

また、ＡＩは農業経営にとってその活用が最も適した分野の一つであり、耕作放棄地の拡大による生産力の維持や地域における雇用の確保、農家の所得向上のため、今後農協は粗放的なエサ米生産や山地酪農・畜産農業の展開に取り組むべきである。

このため、農協は農家の個別経営主体の確立支援とともに、農業生産法人への出資に止まらず、直接農業生産に関与する農業法人経営などの取り組みを行う必要があり、農協は当面の目標として、農協の直接農業経営を主体に１０００農場構想を持つぐらいの気迫が求められている。

それは非営利・営利・公共セクター体で取り組む荒廃農地再生、農業生産主体創出の「特区」として取り組む必要もあるのではないだろうか。

農業振興で決まって唱えられるのが「多様な担い手」という言葉であるが、しっかりした生産主体の存在なくしてそれは困難である。また、地域計画や農地バンク（農地中間管理機構）の活用などで農地の集積が期待されているが、しっかりした生産主体が存在しなければ難しく、その役割を担えるのは地域における農協しか見当たらない。

この点について、これまで農協は協同組合としての取り組みの中で、主に取引における資本の中間利潤の排除をめざして諸活動を展開してきたが、今後は農業生産に直接コミットする取り組みが求められていると言える。

今でこそ農協による直接農業経営は農協法上も認められているが、それまでは長きにわたって農協が農業の生産現場にコミットすることは、農協が農家と競合する立場に置かれるとして徹底的に排除されてきた。

また、農協による農業経営について決まって返ってくる答えは、農協はそのようなリスクがあることにとても取り組めないというものだが、リスクの多い農業経営の主体者は他ならぬ組合員農家であることを忘れるべきではない。

新しい農業法人等の生産主体は、従来の農業経営の概念を超える新しい農法の確立などにより、収支の均衡が実現されなければならないのは当然である。新しい農法の確立とは、徹底した粗放農業か反対に徹底した集約農業経営の確立だろう。

（注）1．土地利用型の粗放農業については、傾斜地や、畔によって仕切られているしがらみの多い農業経営から空間を利用したドローンや小型ヘリを使った

新たな農法（言わば空間利用農法）の確立が必要とされる。

こうした粗放農法は、耕作放棄地や再生利用可能な農地の水田などでのエサ米生産に最も適したものであり、これによる穀物自給率の向上は、食料自給率の向上に大きく貢献するだろう。

また、畜産においても、チップ等を使った個体管理による山地畜産酪農粗放農業の可能性が追及されるべきである。

協同組合運動は理念だけのものではなく、問題解決にはビジネスモデルが必要だ。

協同組合運動の先人が教えるように、二宮尊徳は報徳仕法によって農村復興を指導したし、大原幽学は先祖株組合をつくることでそれを行った。

2.

もちろんこうした農業生産体制の構築は農協だけでなし得るものではなく、行政の全面的な支援は無論のこと、営利セクター・非営利セクター・公共セクターが力を合わせて全力で取り組まなければならない。

改正「食料・農業・農村基本法」でも「団体の努力」として第12条を設け、「食料、農業及び農村に関する団体は、その行う農業者、食品産業の事業者、地域住民又は消費者のための活動が、基本理念の実現に重要な役割を果たすものであることに鑑み、これらの活動に積極的に取り組むよう努めるものとする」としている。

戦後の農業政策は、ＧＨＱによる農地解放（農地政策）と自作農主義、また農協制度によって展開されてきた。日本における農業生産体制の脆弱化は良くも悪くもこうした農業政策の結果もたらされたものである。

農業問題の解決には、とりわけ今後農協が家族農業を土台にした新たな農業生産体制の確立に関わっていくことは重要で、それこそが協同組合としての農協の今日的な社会・経済的使命というべきである。

前述の改正基本法の第12条「団体の努力」は、今回の法改正で新設されたものであり、農業問題の解決は一人行政が責任を負うものではないことを改めて明確にした。この点、J・Fケネディのアメリカ大統領の就任演説ではないが、基本法の改正がわれわれに何をしてくれるかという観点だけでなく、基本法の改正を踏まえてわれわれに何ができるかを考えることが重要であり、個別農業経営を支える所得（岩盤）政策に加え、新たな農業団体の取り組みが求められている。また以上のような農業振興への取り組みは、人口減少のもとでの地方創生を唱える政府の考えとも呼応する。

もとより、将来の農業生産主体30~40万、現状の正准組合員1000万人という実態からは、今のままでの農協組織の存立を考えることは難しい。

一方で、農協は、「農・食・環境」問題にトータルで正面から向き合うことができる日本における唯一の組織と言ってよい。正准合わせて1000万人を擁する組織としての自覚をもって農業問題の解決に取り組むべきであり、農協がしっかりした問題提起を行えば、組合員は間違いなくそれに応えてくれるだろう。

第２節　農協の推移と課題

１．組織の現状と課題

⑴　組織の現状

農協は、単位農協とその補完組織である連合組織で構成されている。全国的にこのような整然とした組織形態を持っているのは、民間組織で農協以外にはない。かっては単位農協～県連～全国連と３段階の仕組みであったが、近年では県連と全国連の組織統合が進み、共済事業では全国一律の２段階制となっている。

また、経済事業ではで経済連（県段階）として残っているのは８経済連、信用事業では県信連があるのは32信連となっている。このほか農協の意見代表・総合調整機能を果たす中央会がある。

中央会は、以前は農協法に位置付けられた農水省所管の制度上の経営指導組織であったが、２０１５年の農協法改正で一般社団法人となり、中央会監査の権限のはく奪を含め制度上の地位をすべて失った。

単位農協には、信用事業を兼営する総合農協と、信用事業を兼営しない園芸・畜産事業等を専らとする専門農協があるが、日本の農協組織の主流は総合農協となっている。総合農協では経営基盤の強化をはかるため合併が進められ、現在では544農協（2023年度末）になっている（表7）。

（2）組合員数の動向

農協の組合員数は（表8）の通りであり、正組合員数393万3000人に対して准組合員数は633万9000人と組合員総数1027万2000人の6割以上を准組合員が占めている。これまでは、正組合員の減少を准組合員の増加でカバーし組合員数全体としては増加してきた。

だが、准組合員の事業利用規制などが提起され、正組合員に加え准組合員数も減少に転じ、組合員総数は減少してきている。近年では、2015年の農

（表7）総合農協数の推移

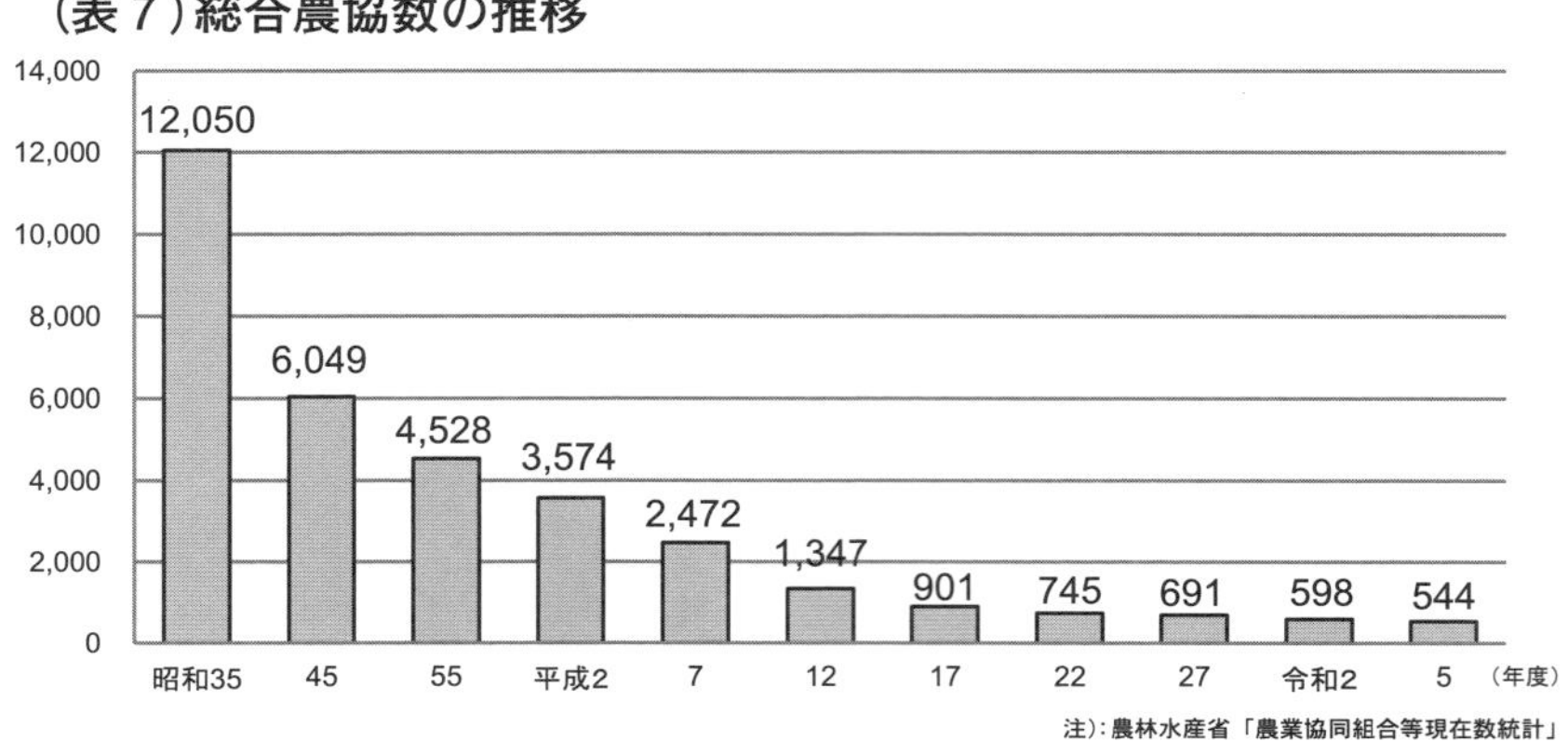

注）：農林水産省「農業協同組合等現在数統計」

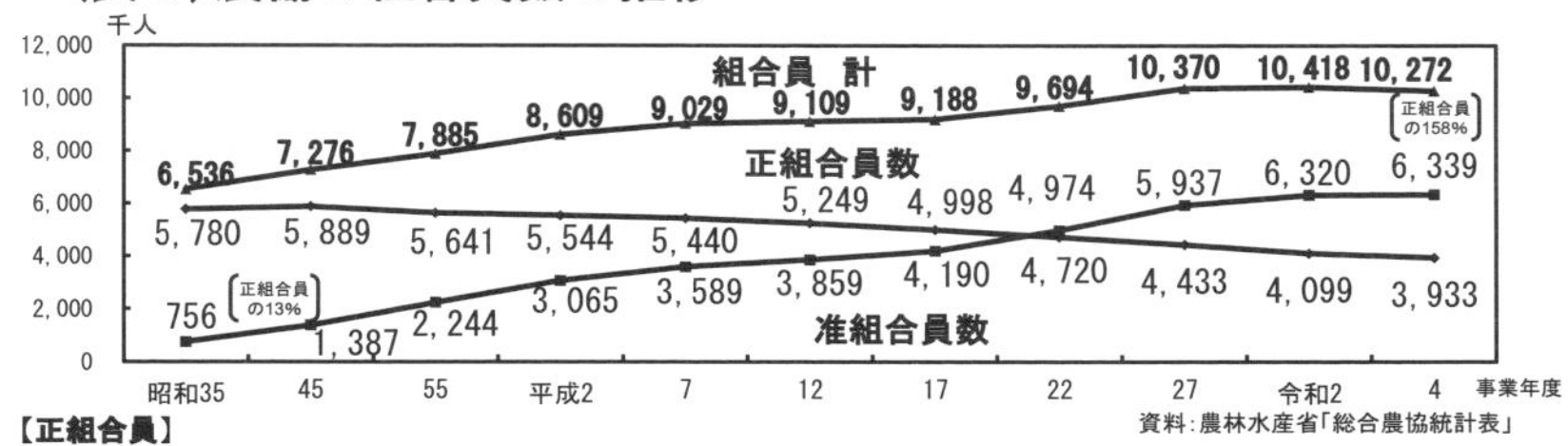

【正組合員】

資料：農林水産省「総合農協統計表」

・ 農業者（当該農協の地区内に住所等を有する農民（自ら農業を営み、又は農業に従事する個人）又は農業を営む法人）

【准組合員】　昭和22年（農協法制定時）から措置

・ 当該農協の地区内に住所を有する個人
・ 当該農協からその事業に係る物資の供給若しくは役務の提供を継続して受けている者であって、当該農協の施設を利用することを相当とするもの など

※ 具体的な組合員資格は、上記の者の範囲で定款において定められ、一般的に耕作面積や従事日数の要件を規定している。

協法改正後、准組合員の増え方が減少し、結果として組合員総数は2018年度以降減り続けている。そしてついに、2022年度において、戦後一貫して増え続けてきた准組合員の数が減少に転じた。

准組合員数が正組合員数を超えるという正組合員と准組合員の逆転現象は、既に2009年度から生じてきており、事業利用規制など准組合員制度に関する問題提起は時間の問題という状況にあった。2009年度の正組合員数は、前年度比1・1％減の477万5000人、准組合員数は、3％増の480万4000人と正・准組合員数が逆転している（総合農協統計表）。

(3) 課題

准組合員制度は総合農協制度とともに、これまで農協の発展を支えてきた2大制度の一つと言ってよいが、この問題の対応は農協にとって最大課題の一つである。今後の農協の組合員組織化対策としては、准組合員を排除せず、農業振興の味方にすることが肝になる。そのためには、農業振興を目的とした組合員の教育文化活動体制の確立が急務である。

合併農協では合理的・効率的な経営体制が整備され、一方でともすれば組合員の組織化対策がおろそかにされるが、真に農協組織の強みを出していくには、正・准組合員を対象にした組織活動としての教育文化活動の強化が重要である。また教育文化活動は、これまでの協同組合一般を念頭に置いた活動とは趣を異にする農業振興を旨とする「みどりの教育文化活動」でなければならない。

農協の組織活動として「みどりの教育文化活動」は、これからの新たな農協運動の柱になるもので、農協グループが総力をあげて取り組まなければならない重要な課題・対策である。全中が一般社団法人となり協同組合運動の司令塔を失った農協は、自らの力で取り組みを進めなければならない。

2. 事業の現状と課題

(1) 経済事業

〈現状〉

ア、農畜産物販売事業

農協の農畜産物販売取扱高は１９８５（昭和60）事業年度をピークに減少傾向にあり、近年ではほぼ横ばいの状況にある。また、農業総産出額（９兆円）に対する農協の取扱高（４・４兆円）〈シェア〉は49％となっている。このうち米については、同じく１・４兆円の産出額に対して農協の取扱高は０・７兆円でシェアは51％である。米については産出高、農協取り扱いとも減少幅が大きい。

イ、生産資材購買事業

農協の生産資材購買事業の取扱高（全体）は、１９８４（昭和59）事業年度の３・４兆円をピークに減少傾向にある**（表９）**。なお、ＪＡ全農と商社の資本・取扱高の比較は**（表10）**の通りである。

ウ、利用、加工、農業経営事業

農協が行う利用事業の状況は、全国で青果物集出荷施設４１２５、青果物貯蔵施設１９５５、ライスセンター１３５９、農産物直売施設１３３８、精米麦施設１

（表９）生産資材購買事業の農協取扱高の推移　（兆円）

事業年度	S55	59	H2	12	22	27	R2	4
取扱高	3.2	3.4	3.2	2.7	2.0	1.9	1.7	1.9

資料：農林水産省「総合農協統計表」

（表10）JA全農・商社の会員資本・取扱高の比較（令和４事業年度）　（兆円）

	JA全農	三菱商事	三井物産	住友商事	伊藤忠商事	丸紅
会員資本（株主資本）	**0.3**	3.6	2.4	1.3	1.5	0.8
取扱高（収益）	**5.0**	2.4	4.8	0.6	4.2	2.2

資料：各社有価証券報告書等

１３２、共同育苗施設１２５９となっている（農水省「令和４事業年度総合農協統計表」）。
また、加工事業については、澱粉・芋加工３２４億円、精米麦加工１０４億円、製茶76億円、畜産加工47億円である（農水省「令和４事業年度総合農協統計表」）。

さらに農協が行う農業経営事業については、農協が直接農業経営を行う総合農協は80、経営耕地面積は５１８ha（農水省「令和４事業年度総合農協統計表」）で、農協が出資している農地所有適格法人による農業経営は、法人数で２１８、経営耕地面積２万１３７６haとなっている（農水省「農地政策課調べ令和5年1月1日現在」）。

エ、生活物資購買事業

農協が行う、ＬＰガス、食料品などの組合員の生活に必要な物資を共同購入し供給する事業で、食料品などは店舗（Ａコープ）を通じて販売される。生活物資購買事業の取扱高は（**表11**）の通りである。

〈課題〉

経済事業は農協の基幹事業であるが、農業の衰退とともに取扱高も長期減少傾向にある。販売事業については、今回の農協改革

(表11) 生活物資購買事業の取扱高（全総合農協計）の推移

事業年度	昭和55	60	平成2	7	12	17	22	27	令和2	4
取扱高(兆円)	1.5	1.9	2.0	1.9	1.5	1.1	1.0	0.7	0.5	0.5

資料：農林水産省「総合農協統計表」

において従来の委託販売から直接買い取り販売が進められ、生産資材についても銘柄集約などで費用節減が進められた。

農業の生産主体の形成が危ぶまれる中で、経済事業としてこれまで以上に生産段階にまで関与した事業展開が求められている。とりわけＪＡ全農は、そのための青写真の提示と取り組み体制の整備を急ぐべきである。

（２）信用事業

〈現状〉


農協における信用事業は、主に組合員からの貯金（一般の金融機関では預金）の受け入れと組合員への貸し出し（営農資金と生活資金）が行われている。農協の貯金残高は直近では１０８兆円であり、郵貯や大手都市銀行と肩を並べる日本の巨大金融機関である（表12）。国内の民間企業で、信用事業の兼営が認められているのは農協と漁協のみである。

また農協の信用事業は、主に系統３段階（農協、信連、農林中金）で行われており、このうち農林中金はＪＡバンク法に基づき、ＪＡバンクシステムの司令塔として、農協・信連

（表12）預貯金残高（令和5年度末）

農協（全農協計）	108兆円
ゆうちょ銀行	192兆円
三菱UFJ銀行	200兆円
みずほ銀行	154兆円
三井住友銀行	153兆円

資料：各行ディスクロージャー誌等

に対して健全性確保等の観点から指導する権限を有している。

〈課題〉

戦争などの異常事態を除き、常に資本収益率は経済成長率を上回るという、フランスの経済学者トマ・ピケティ（1971年〜）の法則に従えば、金融事業は他の事業に対して収益性において優位性を持つ事業であり、困難な農業振興の役割を持つ農協が、信用事業を兼営できる意義は大きい。

一方でJAバンクシステムの司令塔である農林中央金庫は、金利の上昇で保有する外国債の価格が暴落して巨額の赤字を生じ、農協・信連から1兆3000億円にのぼる増資を仰ぐことになった。

農林中金は、2008年のリーマンショックの際には、1兆9000億円に上る増資を、農協・信連からうけており、今回はそれに次ぐ資金援助である。リーマンショックの際の教訓から、比較的安全と思われる国債に運用をシフトさせたことが裏目に出た格好である。

この結果を受けて、農水省は農林中金の資金運用体制（ガバナンス）等に問題がなかったのか有識者会議を設置し、2025年1月28日に①資産運用の意思決定を行う理事会に外部の専門家が参加できる理事の兼職・兼業規制の見直し、②農業・食料産業への融資の拡大体制の強化などを内容とする報告書をまとめた。

いずれにしても、早く農林中金の農協・信連に対する資金運用還元力を正常な形に戻すことが、農協の信用事業にとって最大の課題である。

また、日本の金融政策もゼロ金利・マイナス金利からの転換を図ってきており、農協においても調達と運用の時間差による信用事業収支悪化への対応とともに、新たな貯金推進強化や農業関連などへの融資体制の構築が求められている。

（３）共済事業

〈現状〉

農協の共済事業は、全国的に農協と全共連の２段階で行われており、事実上農協は全共連の代理店となった事業展開が行われている。農協の生命共済の保有契約高は85兆円など、信用事業同様、全国の大手生損保会社に肩を並べる存在である（表13）。


〈課題〉

農家組合員の農業生産に関連する農業共済は、従来から全国農業共済組合連合会（ＮＯＳＡＩ全国連）として別途事業が行われており、この住み分けのもと、農協共済は生命共済、建物更生共済、自動車共済など主に組合員の生活保障を対象にした事業を行なっている。

また、少子高齢化でとくに生命共済は厳しい環境に置かれており、新たな商品開発への挑戦を続けていく必要がある。

さらに、2023年2月には農協の共済事業推進に関する農水省の監督指針が改正され、これに基づく推進体制の構築が求められている。

監督指針改正の趣旨は、①農協系統全体の法令遵守体制の見直しの一環として、推進目標の達成を動機とする不祥事件が発生するなど、適切な共済推進が行われている実態に鑑みての改正であり、②今後、不必要な共済契約を抑制（けん制）することにより、横領等の不祥事件の未然防止を通じた済事業の適正な運営を図るのが目的とされている（農水省ホームページ）。

3. 経営の現状と課題

(1) 現状

農協経営の現状について、事業総利益（いわゆる粗利益）と事業管理費の動向は（表14）の通りとなっている。近年では事業総利益全体が減少する一方で、事業管理費の減少により事業利益の水準が維持されている状況にある。最近では、事業利益の太宗

(表13) 生命保険保有契約高・総資産（令和4年度）

	保有契約高	総資産
JA共済	85兆円	57兆円
日本生命	149兆円	75兆円
第一生命	83兆円	34兆円
住友生命	65兆円	35兆円
明治安田生命	63兆円	44兆円

資料：各社ディスクロージャー誌

(注1) JA共済の保有契約高は、生命総合共済のもの。
(注2) 生命保険各社の保有契約高は、当該保険会社単体の個人保険と個人年金保険の保有契約高の総額。

を占める信用・共済事業の総利益が大きく減少してきている。

農協における部門損益の状況は（表15）の通りであり、農協の経営は信用・共済事業の収益で営農・経済事業の赤字を補填する構造となっている。

（2）課題

農協の組織・事業・経営に関する課題については様々に考えられるが、本書の主題である「新たな農協論」確立（後述）の観点から主要課題を上げれば次の通りである。

ア、成長戦略への転換

すでに述べたように農協は、バブル経済崩壊後、事業総利益の減少を事業管理費の削減で補うという、いわば縮小均衡的な経営政策を続けてきたが、今後は事業総利益の拡大と事業管理費引き上げという成長政策に転換していかなければならない。

(表14) 農協の経営状況

グラフ１：全体の事業総利益等の推移

(億円)
20,000
15,000
10,000
5,000
0
事業総利益
事業管理費
(人件費)
経常利益
事業利益
H24 H25 H26 H27 H28 H29 H30 R1 R2 R3

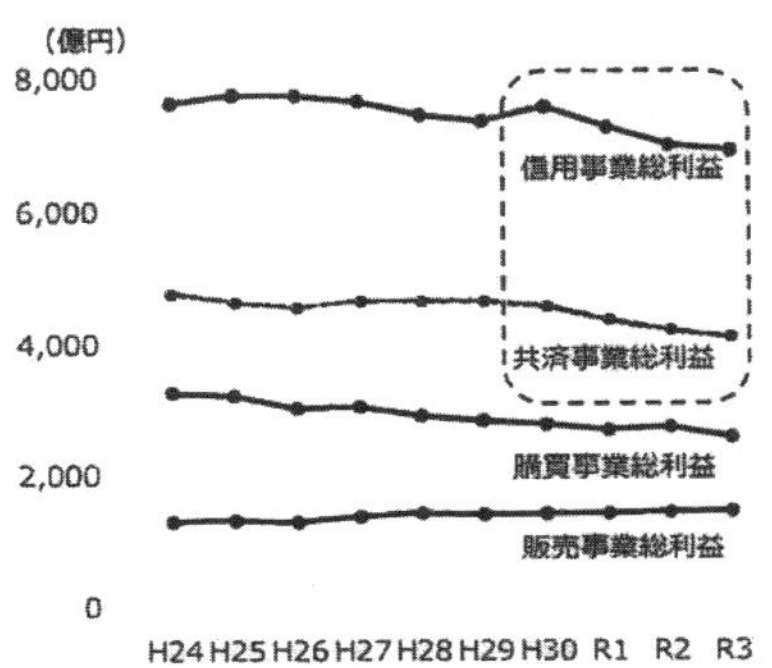

資料：総合農協統計表（全国値）

他方で、これまで農協の経営を支えてきた信用・共済事業の前途は極めて厳しい状況にある。したがって、今後は農協の本来事業である農業振興の原点に帰った事業伸長に取り組んでいく必要がある。

そのためには本書で繰り返し述べているように、これまでの農協振興の概念を広げる新たな経営理念を確立し、従来の経営政策を転換していかなければならない。農業振興を農業生産者だけの問題にしていては、農協の事業伸長は困難である。新しい経営理念である「農業・食料・環境」への取り組みに関する農協のマーケットは限りなく大きいが、そのためには農協役職員の意識改革が必須である。

（注）農業・食料関連産業の国内生産額は114・2兆円（令和4年度・前年度対比4・7％増・農水省ホームページ）で、これに環境分野や生活分野（信用・共済事業等）を加えれば農協のマーケットは計り知れなく大きい。

（表15）農協の部門損益の状況

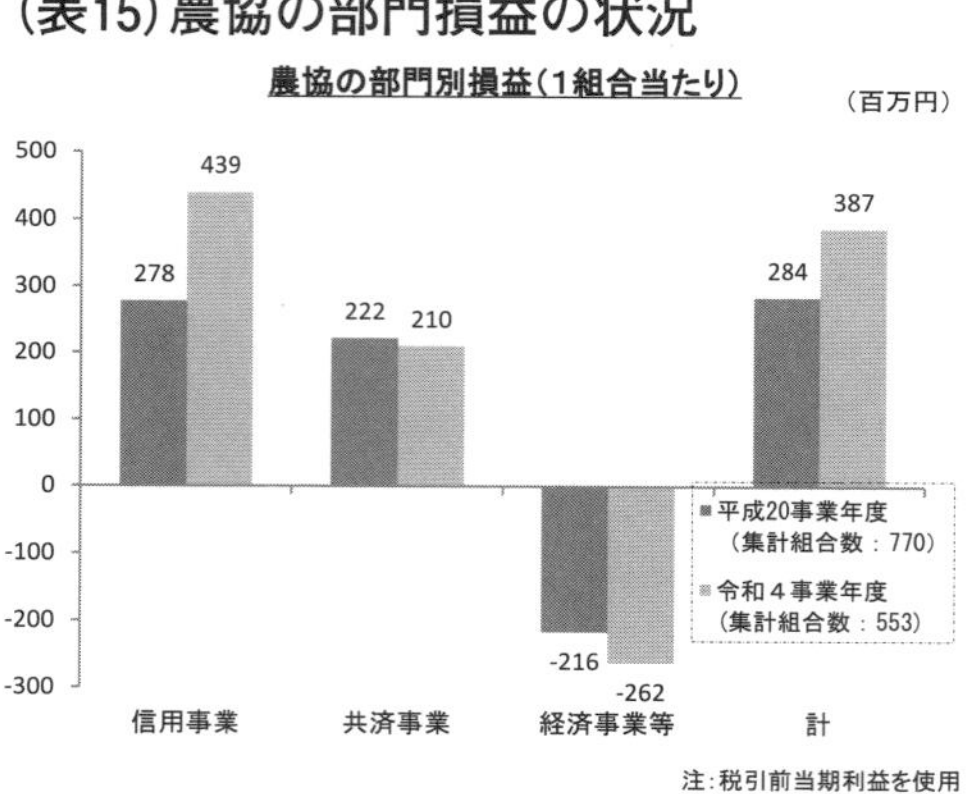

各部門別損益の黒字農協と赤字農協の数
（令和4事業年度）

		信用	共済	経済	全体損益
全国	黒字	529	539	124	523
	赤字	24	13	429	30
北海道	黒字	97	100	81	100
	赤字	4	1	20	1

※共済事業を実施していない1農協を含む。　注：農林水産省調べ

イ、教育文化活動の再構築

教育文化活動は、営利企業では見られない農協が協同組合組織として行う独自の取り組みであり、組合員に対して行われる。前述のように、この活動は従来の協同組合としての教育文化活動をさらに進化させ、農協が農業振興を旨とする組織であることを明確にするための「みどりの教育文化活動」として取り組むことが重要である。

ウ、集中分権型経営の確立

農協は経営体制確立のため、これまでひたすら合併に取り組んできた。筆者もその一人であるが、筆者の願いは農協が連合組織の支店的立場に置かれることなく、組合員の協同活動の舞台として農協の組織・経営体制を強固にするというものであった。

ところが案に反して合併により、事業のタテ割りがすさまじい勢いで進行し、組合員の協同活動の舞台は寸断され、組合員の協同活動そのものが危機的状況に陥っている。これは協同組合として本末転倒の姿である。

農協は、経済事業のほか信用・共済事業を兼営する総合事業として経営されている。一方で、経済事業のうち販売事業は分権的、信用・共済事業は集中・集権型の事業性格を持っている。このため、農協はこのような全く異なる事業性格を合わせ持つ事業体として、極めて複雑で難しい経営が求められる。

農協の現実の経営は、信用・共済事業については、本店―支店、営農・経済事業は、地区営農センターを拠点に行われている。農協としては支店（合併前の基幹支店）を重視した集中分権型の経営体制の確立が急務である。とりわけ、支店における「みどりの協同活動」は今後の農協活動の生命線と言える。

農協では、こうした農協経営の矛盾が凝縮して現れる一県ＪＡなどで協議会をつくり、農協における集中分権型の経営の在り方について早急に検討を進めるべきと思う。

ウ、部門損益の確立

農協における部門損益の確立、言い換えれば信用・共済事業収益依存の経営体質からの転換は、農協発足以来の農協経営の基本的課題である。営農・経済事業の赤解解消対策はこれまでも様々に論じられてきた。だが、長年農協にお世話になった筆者の見解は、農協が信用・共済事業で収益を上げることができている以上、それは困難だというのが結論である。信用・共済事業で収益が得られる限り、その収益を正組合員たる農家経済（農協の営農・経済事業部門損益）にあてることは人情として当然であり、信用・共済事業収益依存の経営体質を転換することはできない。

筆者によるこの経営体質からの転換は、農協内で統一した農協経営の基準をつくり、経営者の皆さんがそれを実行することだと考える。その基準とは、すべての農協で営農・

経済事業部門で収支均衡の経営を実現し、他方で信用・共済事業の収益は、災害等農家経済危機への対処、あるいは営農・経済事業の研究開発投資のための基金に積み立てるというものである。

信用・共済事業を持たない他の企業での収支均衡は、あたり前のこととして行われているのであり、困難な農協の営農・経済事業運営でもそのことをめざすべきである。

以上のほか、最近では農協職員の離職が大きな問題になっている。これは農協に限らず一般企業でも共通して生じている経営上の課題である。とりわけ農協においては、職員数がピーク時の1993（平成5）年の30万人から、現在（2022〈令和4〉年度）は17万人に減少しており、その割合は、信用・共済事業職員が45％、営農・販売事業職員は16％となっている。

職員の離職については、メンター（助言・相談）制度などが推奨されるが、根本的には企業理念に基づくミッションの確立が離職を防ぐ決め手になろう。農協でもそれは同じである。

（注）以上の「農協の現状」にかかるデータについては、断りのない限り「農協について（令和6年8月）」（農水省ホームページ）によった。

第2章　農協改革の経過〜制度問題で完敗

要点

農協改革の時期的区分は、①政府の規制改革会議（農業ワーキンググループ）の「農業改革に関する意見書」の公表から農協法改正まで（２０１４年５月14日〜２０１５年８月28日：第１期）と、②それ以降、５年間の見直し期間（２０１６年４月１日〜２０２１年３月31日：第２期）に分けることができる。

第１期は政府から農協改革が提案され、その結果が農協法改正として具体化された時期である。この時期は中央会制度の廃止が行われた時期として特徴づけることができる。

第２期は農協法改正の結果を受けて、農協が提唱する自己改革運動が行われた時期であり、それは准組合員対応と農協の経済事業改革や農協の信用事業代理店化に反対する運動などであった。

このうち准組合員制度については農協法改正後５年間の見直し期間を経て、「准組合員の意思反映」ということで一応の決着を見た。また、経済事業改革については一定の成果をおさめ、農協の信用事業の代理店化については、ほとんどの農協で受け入れることはなかった。

１期〜２期を通じた農協改革を振り返ってみれば、経済事業改革や農協信用事業の代理店化といった言わば事業的な課題については、政府が及ぼす影響には限界があり、対応について一定の成果を上げたが、それとは対照的に中央会制度や准組合員問題といった制度問題についてはなす術がなかった。准組合員問題については、見直し期間のなかでの要請活動で改変は阻止したものの、根本問題は何一つ解決していない。

それはこれまでの農協運動が、国の制度に依存したものであったことと深く関係しており、政府が生殺与奪の権利を持つ制度問題への対応について、農協は手も足も出せない状況になったのである。

中央会制度の廃止の教訓から農協は、残された総合農協制度や准組合員制度などの制度問題への対応について、理論的にも実践的にも自ら再構築していかなければならないことを思い知ったはずである。言い換えれば、農協は今後、自主的な農協運動の道を自らの力で切り拓いていかなければならない状況に置かれている。

（注）中央会制度、総合農協制度、准組合員制度は戦後の農協発展を保証してきた三大制度である。今回の農協改革で中央会制度が廃止されその一角が崩れた。

また、第１期、第２期を通じて行われた全中主導の自己改革運動については、基本的に自己の正当化と責任回避のためのものであった。本文でも述べる通り、制度の改変は突然やってくる。今は良くても、真の改革を行わなければその矛盾は突然爆発することを農協関係者は肝に銘ずるべきだろう。

〈農協改革の全体構成〉

第１期（農協法改正まで）	第２期（農協法改正以降）
中央会制度の廃止	准組合員制度改変阻止運動
准組合員制度改変の提起	全農（経済事業）改革
	農協の信用事業代理店化
農協の自己改革運動（既得権益擁護・従来路線の踏襲）	

第1節　農協法の改正（農協改革第1期）２０１４年5月14日～２０１５年8月28日

農協改革第１期は、政府の規制改革会議（農業ワーキンググループ）の「農業改革に関する意見書」の公表から農協法改正成立までの時期である。この時期は、中央会制度の廃止に象徴されるように、農協改革における緒戦の敗北の時期と位置付けられる。同時にそれは、従来の農協の地域組合路線の否定を含む農協法改正で完成された。

1．「規制改革実施計画」の閣議決定

政府の規制改革会議から、農協改革に関する提言「農業ワーキンググループの意見書（２０１４年5月14日）」が行われたがその内容は、①中央会制度の廃止、②ＪＡ全農の株式会社化、③農協の信用事業の農林中金などへの譲渡、④農協理事の過半数を認定農業者や民間企業の経営者にする、⑤准組合員の利用は正組合員の利用の二分の一を超えてはならないなど衝撃的なものだった。

このうち、①中央会制度の廃止と⑤の准組合員の問題は専ら農協の制度問題に関する事項で、行政庁による一方的な判断による改変が可能でＪＡグループにとって深刻なものだった。

同時にまた、①と⑤の二つは、農協にとって初めての提案であり、この問題の結末は以降の農協運動に決定的ともいえる影響を与えるものであった。

ともあれ、この意見書の公表から一週間後の5月21日に「新農政における農協の役割に関する検討プロジェクトチーム」などの合同会議が自民党の党本部で開かれ、その後の対応はインナーと言われるごく少数の自民党農林幹部の協議に委ねられることになった。「収斂に向けた不透明な密室議論（自民党のインナーメンバー：森山裕、中谷元、西川公也、宮腰光寛、齋藤健、野村哲郎の諸氏）の始まりであった」。（飯田康道著『JA解体〜1000万組合員の命運』東洋経済新報社・2015年）。

飯田氏が喝破したこの「密室議論」こそ、今回の農協改革の戦いの進め方における最大の特徴であり、自民党インナー頼りの全中主導の戦いは、この後わずか8か月余りのうちに「中央会制度の廃止」というこの上ない敗北をもたらした。

農協改革の命運を、ごく少数の自民党農林幹部の協議に委ねる密室協議による解決の方法は、もとはと言えば2007年に行われた参議員選挙にさかのぼることができる。この選挙において、JAグループは農協組織の自前候補として山田俊男全中専務を擁立して議席を確保したが、この選挙こそ、後の農協改革における自民党との密室協議を可能にし、はては農協の中央会制度そのものを廃止に追い込んだ遠因であったと考えられる。

いずれにしても、こうした自民党の動きがあった後、2014年6月24日には、規制

(表16) 政府による農協組織改編の「仮説的グランドデザイン」

1. 農協を農業専門的運営に転換する。 2. 農協を営農・経済事業に全力をあげさせるため、将来的に信用・共済事業を農協から分離する。 3. 組織再編にあたっては、協同組合の運営から株式会社の運営方法を取り入れる。全農は農協出資の株式会社に転換する。農林中金・全共連も同じく農協出資の株式会社に転換する。 4. 農協理事の過半を認定農業者・農産物販売や経営のプロとする。 5. 中央会制度について、農協の自立を前提として現行の制度から自律的な新制度へ移行する。 6. 准組合員の事業利用について、正組合員の事業利用との関係で一定のルールを導入する方向で検討する。

注) 筆者作成

改革会議(農業ワーキンググループ)の「農業改革に関する意見書」の内容を盛り込んだ政府による「規制改革実施計画」が閣議決定され、農協改革の本格的な推進が行われることになった。

筆者は「規制改革実施計画」に盛られた農協改革の内容を、政府による農協組織改編の「仮説的グランドデザイン」と呼んでいるが、それは次のようなものである(表16)。

このうち、5.の中央会制度については、6.の准組合員制度と同じく、事業や経営のあり方といった農協の運営に関する事項とは違って専ら制度に関する事項であり、狙い撃ちにするかたちでその廃止が決定された。

ちなみに、これまで農協運動の基本方針になってきた農協の「自己改革」という文言が正式に使われたのは政府の「規制改革実施計画」が初めてであるが、そこに書いてあるのは、「今後5年間を農協改革集中推進期間とし、農協は重大な危機感をもって以下の方針（上記のグランドデザイン）に即した自己改革を実行するよう強く要請する」というものであり、農協が唱える自己改革とはその内容が全く異なる。

２．自己改革案の策定

「規制改革実施計画」の閣議決定後、農協改革は急展開することになる。「規制改革実施計画」の閣議決定に慌てた全中は、２０１４年9月に「ＪＡグループの自主改革に関する有識者会議」等を開催して意見を求め、同年の11月6日には「ＪＡグループの自己改革案」をまとめた（表17）。

「ＪＡグループの自主改革に関する有識者会議」の座長を務めたのは、中央大学大学院の杉浦宣彦教授であった。この時、座長にいわゆる農協の地域組合論者と言われる既定路線の人を選ばなかったのは、全中として一つの見識を示すものであったのかも知れない。

杉浦教授はその著書の中で、「２０１５年は、農協法の改正により、これまでの全国農業協同組合中央会（ＪＡ全中）をピラミッドの頂点にしたわが国の農協制度が大きく変わっていく年」である。

(表17) ＪＡグループの自己改革について(農水省ホームページから抜粋)

農業者の所得増大、農業生産の拡大、地域の活性化の実現に向けて

2014（平成26）年11月６日
全国農業協同組合中央会

1. 基本的考え方 ～自主・自立の協同組合としての自己改革～
ＪＡグループは「食と農を基軸として地域に根ざした協同組合」として、多様な農業者のニーズに応え、担い手をサポートし、農業者並びに地域住民と一体となって「持続可能な農業」と「豊かで暮らしや すい地域社会」を実現していくため、下記を基本目標とした自己改革に取り組む。
○基本目標：農業者の所得増大、農業生産の拡大、地域の活性化

2. 農業と地域のために全力を尽くす
（１）「食と農を基軸として地域に根ざした協同組合」として、ＪＡが今後果たしていくべき役割と基本方向
○こうしたＪＡが今後果たしていくべき役割を農協法上に位置付けることを検討する。
（２）今後に役割が高まる農業振興と地域振興が一体となった取り組み
（３）農業者と地域住民から必要とされる機能の継続発揮に向けた組合員制度のあり方

3. 組合員の多様なニーズに応える事業方式への転換を加速化する
（１）販売・購買事業改革の基本的考え方
（２）担い手とＪＡの創意工夫ある販売を拡大
（３）生産資材価格の引き下げと低コスト生産技術の確立・普及
（４）一元的な輸出体制の構築による輸出額 10倍超の実現

4. 担い手の育成を強化する

5. ＪＡの業務執行体制（ガバナンス）を強化する

6. 連合会によるＪＡへの支援・補完機能を強化する

7. 生まれ変わる「新たな中央会」
中央会制度は、行政の代行的な組織として設立されたが、環境変化を ふまえ、国から与えられた統制的な権限等を廃止し、農業者の所得増大、農業生産の拡大、地域の活性化に向けた、ＪＡの経営課題の解決及び積極的な事業展開の支援を目的とする、農協法上の自律的な制度として、新たな中央会に生まれ変わる。

8. ５年間を自己改革集中期間として実践

注）筆者により要点のみ記述（下線は筆者）。

「農業こそ日本の次の産業になる必要がある」、「それなのに食料安全保障の問題や、食の安全といった問題も含めて、それを実現する具体的な方法があるのか、そして誰がそれを実行していくかという担い手論を含めた農業政策は混迷し、よく見えてこない」。農協組織については、「一部の産業に従事している人だけのための組合組織なのか」など、重要な指摘を行っている。（杉浦宣彦著『ＪＡが変われば日本の農業は強くなる』株・ディスカバー・トゥエンティワン・２０１５年）。だがそうした認識や意見は、その後の議論において、農協では真剣に取り上げられることはなかった。

その後、杉浦教授の「ＪＡが変われば日本の農業は強くなる」という観点からは程遠い「ＪＡグループの自己改革案」がとりまとめられて行くのだが、「ＪＡグループの自己改革」の内容は、一言でいえば、徹底したそれまでの既定路線の踏襲だった。

ここで重要なのは、この「ＪＡグループの自己改革案」がとりまとめられた時期（２０１４年11月）までに農水省から当時の全中の萬歳章会長あてに中央会監査の廃止通告が行われていたという事実である。

中央会監査は戦前の産業組合時代から続く協同組合監査であり、当の中央会はもとより協同組合たる農協にとって生命線ともいうべき事業であった。

したがって、全中会長は直ちにこのことを全農協に周知し、徹底した反対運動を展開すべきであった。しかし、現実にはなぜかこの問題は意識的に伏せられ反対運動が巻き起こることはなかった。もちろんこの事実は噂として広く農協段階に伝わったが、どの組合長も「そんなことになるはずがない」と一笑に付した。

全中会長はなぜこの問題を全農協の問題として取り上げ反対運動を起こさなかったのか。そこにはしっかりした理由があった。自らが会長を務める中央会の死活にかかわる問題にいい加減に対応するはずがない。あらん限りの知恵を絞って考え抜いた。結果は、反対運動を提起するよりも、この問題の解決を与党である自民党に頼る方が得策であるということであった。

ここで、この結論に達した有力な理由は、かって全中の専務理事を務め、また議員になってからも参事を設置するなどで全中に影響力を持った山田議員の存在が大きかったであろうことは想像に難くない。

結論的には、こうした山田議員を擁する自民党にお願いすれば何とかなるだろうと考え、少なくともその方が、リスクが少ないと考えたのではないか。萬歳会長に限らず、この局面でどのような人が全中会長になったとしても、それ以外の結論を得ることは難しかったであろう。

（注）この間の、全中会長ないし全中が反対運動を提起しなかった事情については、筆者の推測の域を出ないものであり異論があるかも知れない。であればなおさらのこと、この間の事情が関係者によって明らかにされることが重要と考えられる。

ともあれ、ＪＡグループの自己改革案の策定の前には、中央会監査の廃止通告が行われていたのであり、自己改革案は当然のことながらそのことに決定的な影響を受けることになった。

「ＪＡグループの自己改革案」の内容は、一言でいえば徹底したそれまでの既定路線の踏襲であり、既得権益たる農協組織を守ることだった。全中は自らの組織の存亡の危機に際してひたすら農協組織を守ることに徹したのであり、それは立場上当然のことだった。

ＪＡの自己改革案は、①基本的な考え方、②農業と地域のために全力、③組合員の多様なニーズに応える事業方式への転換、④担い手の育成強化、⑤ＪＡの業務執行体制の強化、⑥連合会の支援補完機能の強化、⑦生まれ変わる新たな中央会、⑧５年間の自己改革集中期間などを内容とするものであった。

このうち自己改革案のポイントは、②の「農業と地域のために全力」と、⑦の「生まれ変わる新たな中央会」であり、②は農協が農業振興と地域振興の二つの目的を持つ組織であるとするもので、農協論的にいうと地域組合論に立脚するものであった。

また、⑦の「生まれ変わる新たな中央会」の項目は、中央会制度の存続を強く訴えるもので、制度存続のためにはすべて農水省の指導に従いますという、いわば制度維持に向けた懇願的な内容であった。

ちなみに、全中が、②の農協を地域組合論に立つ組織であることを公式に宣言し、そのための法改正を求めたのは、この自己改革案がはじめてではないかと思われる。人でも組織でも存亡の危機に追い込まれた場合にその本性が現れるものだが、農協の場合、それは自らを地域組合と宣言することだったのである。

一方、その後の農協法改正で農協の地域組合路線は否定され、中央会制度は廃止された。つまるところ、２０１４年11月に策定されたＪＡグループの自己改革案は国会によって全面的に否定されたのである。

全中の自己改革案の全面否定については、中央会制度廃止で明らかであるが、地域組合論否定は何をもってそう言えるのか。これについては、２００１年の農協法改正（農協の目的は専ら農業振興であり、農協はその手段であるとする第１条の改正）ですでに明らかであるが、今回の農協法改正に限って言えば、営農・経済事業の営利追求の是認（第

7条）および、農協から生協、会社組織など他組織への転換規定の新設などをあげれば十分であろう。

3．中央会制度の廃止（経緯）

次に、農協改革第1期における最大の出来事であった中央会制度廃止の経緯について見ておこう。なお、中央会制度とは歴史的に見てどのような存在であったのかについては、それ自体で大きな研究テーマである。それは第3章「中央会制度」の中で述べていきたい。

また、中央会制度の廃止の経緯については「第5章　第1節　自主・自立の欠如」で詳しく述べるが、ここではその概略について述べておく。

前述したように、農協改革で中央会制度廃止に関することが表面化したのは、2014年5月14日に政府の規制改革会議（農業ワーキンググループ）が「農業改革に関する意見書」を公表してからである。

以後この問題は、今回の農協改革最大の問題となって行く。中央会制度については、その後閣議決定された政府による「規制改革実施計画」では、「JAの自立を前提として現行の制度から自律的な新制度へ移行する」といった条件付きの穏やかな表現だったが、2015年2月の政府・自民党と全中会長など全国連首脳とのトップ会談で、その廃止が一挙に実現することになった。

中央会制度廃止の伏線は、2014年10月（推定）に行われた農水省からの中央会監査廃止の通告にあった。中央会監査廃止の通告を受けた全中会長は直ちにこれを全農協の組合長に通告し反対運動を提起すべきであったがそれをしなかった。あるいは、できなかった。

その原因はすでに述べた通りであるが、この時期、山田議員を通じて自民党の影響下に置かれた全中に中央会制度廃止反対の運動を起こす力は残っていなかった。中央会監査廃止通告が行われた2014年10月から年末にかけての攻防が中央会制度廃止にかかる最大の山場であったが、全中はこの時期、専ら農協の自己改革案の策定に注力し、中央会監査廃止反対の狼煙を上げなかったのである。

2014年の年末から2015年の年始にかけて、中央会監査廃止の反対運動が起きないことを見定めた政府は一挙に勝負に出た。その結果、2015年2月8日に行われた政府自民党と全中会長など農協全国連首脳とのトップ会談で中央制度の廃止が実現することになる。

（注）このあたりの政府側の事情については、「2015年の農協改革法は、当初は

２０１４年6月の方向性の取りまとめを踏まえて、同年秋に未調整の問題を含めて具体的改革案を検討する予定であったが、同年秋の衆議院解散により年明けに延期せざるを得なかった」と述べられている。（奥原正明著『農政改革』日本経済新聞出版社・２０１９年）。

このトップ会談は東京のホテルニューオオタニで行われたが、この場で政府与党は「中央会制度の廃止」をとるか「准組合員の事業利用規制」をとるかの将棋の勝負手でいう王手飛車取りの挙に出てきた。

とくに中央会については、中央会監査の廃止（会計士監査への移行）のみならずその根拠法になっている中央会制度そのものを根こそぎ廃止するという峻烈なものだった。これに対するＪＡグループの結論は、中央会制度の廃止を飲み、准組合員の事業利用規制を免れることだった。

王手飛車取りの手という表現についてはこのほかに、中央会制度の廃止と准組合員の事業利用規制の二者択一、もしくは両天秤というういい方もあるが、例えとしては、王手飛車取りの表現が適切である。

将棋でいう王手飛車取りは、受け手にとって最悪の局面であり勝負が決まったことを意味する。ＪＡグループはこの時点で農協改革をめぐる攻防で戦略的に大きな失敗を犯して完全に窮地に追い込まれており、この手を打たれた瞬間において農協改革に完全敗北を喫したのである。

普通に考えてこれだけの重大案件は、いくら全中会長と言っても独断では決められることではない。最低でも持ち帰って皆さんと相談させて頂きますと言うべきであったが、それさえ許されなかったのである。

今でもその時のことを思い出すたびに、なぜそのような重大事が全中会長の一存で決まってしまったのか、どのような理由があるにせよ筆者にとって到底納得ができることではない。多くの農協関係者にとっても思いは同じであろう。

（注）中央会監査の廃止を含む中央会制度の廃止という重大事が、なぜ全中会長の一存で決まってしまったのか、筆者はそのことについて、ある種の責任感から全く個人的な立場で明らかにしょうと精一杯試みている。
このこと自体が全く異常なことで、本来的に組織として当然明らかにすべきことである。当時の全中執行部には、なぜ中央会制度が廃止になったのか、この間の事情をいずれつまびらかにする歴史の証人としての明確な責任と義務がある。

このような事態に追い込まれること自体、異常なことである。仮にこの手を打たれても少しでも余力が残っていれば、全中会長はそのような理不尽な対応は許されないとして、「この提案は二つ（中央会制度の廃止、准組合員の事業利用規制）とも拒否する。4月からはじまる国会で審議を尽くして決着を図ろうではないか」となぜ席を立てなかったのか。

それどころか、この決着に全中会長は全国の農協組合長に対して「これも自民党のお蔭」と自民党へのお礼を述べる羽目に陥っていた。自らの中央会組織の頂点に立ち、その組織の廃止を認めざるを得なかった萬歳章全中会長の心中はいかばかりなものであったかと思う。全中会長はこの攻防において、自らの組織の廃止を承認させられたばかりか、挙句の果てにその総括・反省さえ許されない立場に立たされたのである。

（注）この時の山田議員の行動はいかなるものであったのか。自らの選挙母体になった中央会制度がなくなるという事態に遭遇し、山田議員は本来であればこのような事態になることを阻止するために議員になったのであり、自民党脱党や自らの議員の地位をかけて戦う立場にあったと思われる。

この間の最終攻防については、後に第5章第1節の〈外聞〉でも述べるが、要所要所で山田議員がどのような役割を演じたのか。その内容はいずれ明らかにされるべきである。結果について、選んだ方も選ばれた方にも相応の責任がある。

普通に考えて中央会制度の廃止という最悪の結果を招いた当時の萬歳章全中執行部は当然総辞職すべきであったし、実際この結果を招いた責任は、全中の執行部がいくつあっても足りないぐらい重大なものであった。

中央会制度の廃止という重大問題を受け入れるにあたって、全中執行部は総辞職し、かつその理由をしっかり述べるべきは当然のことであった。だが、全中は2007年の山田選挙の延長線上でとってきた農協改革対応戦略の失敗を自ら認めることができず、自民党もそれを許さなかったため、それはできなかった。結果は、萬歳会長一人の辞任表明だった。

通常、辞任する場合にはその理由の説明があるものだが、述べられたのは農協法の改正案が国会に上程されることになり一区切りがついたからというもので、中央会制度の廃止が決まってその責任をとるという本当の理由は述べられなかった。

萬歳会長一人の辞任と辞任の本当の理由が表明できなかったことはセットの内容なのであり、それは、全中が自らの農協改革対応戦略の失敗を自ら認めることができず、自民党もそれを許さなかった結果なのであった。

自民党との関係について言えば、全中が中央会制度の廃止についてこれを敗北と認めれば、農協改革対応のパートナーであった自民党の敗北を認めることになり、それは自民党批判に繋がっていくからだった。

ここが今回の農協改革についての最大のポイントであったことを、読者の皆さんには胸に止めておいていただきたい。ここで全中萬歳執行部が敗北の理由に言及し、後の執行部にその反省を踏まえた運営を託すという当たり前のことができていれば、せめてその後の混迷した農協運動（自己改革運動）の展開は避けられただろう。

専ら政治に頼り、自主・自立の精神を忘れた農協運動のツケは限りなく大きかったというべきである。全中がその後に行った自己改革運動についてケチをつける気持ちは毛頭ないが、自己改革運動はこうした自民党との特別な関係のなかで生まれた運動であることを農協関係者は深く認識しておくべきである。この点については、次節の「自己改革の意味」についてで詳しく述べる。

自民党から農協改革について、農協は自己改革運動を展開してよくやっているという後からの評価は、このような事情からのもので決して鵜呑みにしない方がよい。

また、王手飛車取りの勝負手に遭遇して明らかになったことは、ＪＡグループにとって王将が准組合員の事業利用規制問題であり、飛車が中央会制度であったという現実である。この判断の背景はいろいろ考えられるが、中央会制度はしょせん国が与えてくれた制度でありこれが無くなっても自分たちで中央会を守っていけばよい。

一方で、准組合員の事業利用規制が行われれば農協の事業・経営に甚大な影響がおよぶので、これは絶対に避けなければならないという判断が働いたのであろうか。

（注）全中会長以下全国連首脳が中央会制度廃止を選択したのは、准組合員制度の改変が農協の事業量の停滞・減少を招くといった具体的影響を見通せたのに対して、中央会制度廃止の影響が農協にどのような影響を及ぼすのか、その具体的影響を見通せなかったことによるものかも知れない。

中央会制度の廃止で直接的影響を受けるのは中央会である。２０１４年10月に全中が農水省から中央会監査の廃止通告を受け、全中が茫然自失の状態に陥ったのは、当然のことであった。

なぜなら、監査権限を失えば、中央会とくに全中は事業実態のない組織に転落し、組織の維持さえ困難な状況に陥るからであり、全中には廃止の影響はよく分かる。

だから全中会長は、この提案に対して中央会制度廃止絶対反対の同意を求めるべく、あるいは促すべく全国連会長が居並ぶ後ろを振り向いた。結果は無言。全国連会長の反応は意外に冷たいものだった。ここにきて全中会長は万事休し、中央会制度廃止を受け入れたのである。

だが別に注目すべきは、このことは、農協自体がこれまでの准組合員対応に問題あることを自ら認めていたことを示すものであったということである。なぜなら、農協がこれまでの准組合員対応に問題がないと自信を持っていれば、何も中央会制度を犠牲にすることはなかったからである。

それにしても、規制改革会議から准組合員の事業利用規制問題が提起された時のＪＡグループの狼狽ぶりは一体何だったのだろうか。土壇場でなぜ准組合員問題回避のために中央会制度の廃止を生贄として差し出さなければならなかったのか。

それを思い出すたびに、農協は今後中央会制度の廃止を代償にした准組合員問題に真剣に向き合わなければならないことを痛感する。

〈コラム〉萬歳会長一人の辞任劇

政府与党とＪＡグループのトップ会談で中央会制度の廃止が決まった後の全中理事会で、萬歳会長一人が辞任を表明した。この辞任劇は、今回の農協改革のすべてを物語る象徴的出来事だったので、このことについて改めて解説しておきたい。

今回の農協改革でその対応を指揮した全中は、自らの組織基盤の根拠たる中央会制度を失うという信じられない大敗北・最悪の結果を招いた。

普通に考えて、これだけの結果を招いた全中萬歳執行部は、総辞職しその理由を述べるのが当然であり、それが世間の常識というものである。ところが、萬歳執行部は当然すぎるこの二つのことができなかった。

農協関係者でこのことに関心を持つ人は少ないようであるが、その原因を考えるにはこの時に起こった現象を見ているだけでは答えは出てこない。

この不思議な出来事のパズルを解くカギは、これまでとってきた全中の運動戦略そのものにある。その運動戦略とは、①2007年の参議院選挙における自前候補（自民党）の確保とそれに続く②農協改革対応としての自民党インナー対応であり、これは全中の運動戦略として一連のものである。

この結果が、中央会制度の廃止であった。したがってこの失敗を認めることは2007年の参議院選挙まで遡らなければならず、それは自民党とペアを組んだこれまでの農協運動の否定につながることで、できることではなかった。当然、自民党もそれは許さない。

つまるところ、今回の中央会制度の廃止は、結果的に全中と自民党との共同作業になったのであり、中央会制度の廃止の総括を行うことは全中も自民党もできることではないのである。

このような構図の中では、当時の全中執行部は誰がやっても結果は同じであり、結果について責任をとることは許されない。それでも、これだけの失敗事は何らかの形で表さなければならない。

それが辞任にあたって、本当の辞任の理由を明らかにしない萬歳会長一人の辞任表明劇だったのである（この間の事情については、「第5章農協改革の総括・教訓　第1節自主・自立の農協運動」で詳細に述べている）。

4. 農協法の改正

農協法は、2015年4月3日に内閣から第189通常国会に提出され、8月28日には参議院を通過して成立した（9月4日公布・2016年4月1日施行）。前述したように農協法改正の最も重要なポイントである中央会制度の廃止は2015年2月8日のトップ会談で了承されており、そのことは同時に、ＪＡグループが農協法改正全体の骨格を認めることを意味していた。

つまるところ、今回の農協法改正は、事実上国会審議を経ることなく成立してしまったのである。前代未聞の出来事と言ってよい。もちろん国会で一定の審議は行われた。当時の民主党からは、農協は地域組合的な存在であることをもっと強調すべきだなどの意見が出されたが顧みられることはなかった。

また参議院の審議においては、農協出身の野村哲郎参議院議員から同じ中央会なのに都道府県中央会（県中）が農協の連合組織で、全中は一般社団法人にするのは整合性が取れない、全中も連合組織にすべきだとの意見が出されたが、それなら県中も一般社団法人にすると返されて一蹴された。

中央会制度は、全中と県中が一体となって初めて大きな力を持つことができた。全中と県中は、法人格は別であるが、事実上一社経営となっており、そのことで強力な指導権限を持っていた。今回の法改正は、そうした中央会の指導力を削ぐことを目的としており、全中と県中の関係分断はまさしくそのことを熟知した行政の判断であり、これに抗する術はなかった。

以下に、農協法改正の概要と問題点について簡単に触れておきたい。拙著『明日を拓くＪＡ運動』全国共同出版刊（２０１８年）参照。

〈農協について〉

①農産物販売等を積極的に行い農業者にメリットを出せるようにするために、理事の過半数を原則として認定農業者や農産物販売等のプロとすることを求める規定を置く（責任ある経営体制）。

②農協は農業者の所得の増大を目的とし、的確な事業活動で利益を上げて農業者等への還元に充てることを規定する（経営目的の明確化）。

③農協は農業者に事業利用を強制してはならないことを規定する（農業者に選ばれる農協）。

④また、地域農協の選択により、組織の一部を株式会社や生協等に組織変更できる規定を置く。

（注）上記と合わせ、専属利用契約、回転出資金制度の廃止。准組合員の事業利用規制は5年間の猶予・先延ばし。

〈中央会・連合会について〉

①ＪＡ全中―現在の特別認可法人から一般社団法人に移行する（2019年9月末まで）、農協に対する全中監査を廃止し、公認会計士監査を義務づける（業務監査は任意）。

②都道府県中央会―特別認可法人から農協連合会（自律的な組織）に移行する。

③全農―その選択により株式会社に組織変更できる規定を置く、連合会―会員農協に事業利用を強制してはならないことを規定する。

改正内容は、中央会制度の廃止（旧農協法第3章73条の15〜73条の48〈以下単に第3章という〉の中央会規定の削除）につきるが、ここではいくつかの点について指摘しておきたい。

〈農協について〉

①の理事の過半数を原則として認定農業者や農産物販売等のプロとする規定については、できればその方がいいものの、問題は適任者が確保できるかどうかである。この点について、認定農業者等の資格規定はかなり弾力的なものとなっている。

②の規定については、営農・経済事業についてのみ高い収益性を求めるもので、他の事業との整合性がとれていない。一方でこの規定は、農協に対して営農・経済事業の経営的確立を促すものとして受け止める必要がある。

③「農業者に事業利用を強制してはならない」とする規定については、協同組合の運営原則に大きく抵触する。なぜなら、協同組合は経済的に弱い立場に置かれた人々が団結（協同）して自らの願いを果たすことを目的とする組織であり、自らのメンバーに事業利用を求めることでその目的を達成するからである。

問題はその事業利用が強制的なものか自主的なものかで意見が分かれることになる。ＪＡでは、農産物の共同販売や生産資材の予約購買などについて、あくまでも組員の自由意思でこのやり方を推進することが必要である。

④のＪＡ組織の一部を株式会社や生協等に組織変更する規定については、なぜこのような規定が盛り込まれたのか理解に苦しむ。主務官庁である農水省は経営局に協同組織課があるように、本来農協や漁協という協同組合組織を育成強化すべき役割を担っているが、なぜわざわざこのような規定を設け協同組合組織以外への転換を促すのであろうか。

〈中央会・連合会について〉

①の中央会については、同じ中央会について都道府県中央会を連合会に、ＪＡ全中を一般社団法人にしたことは、法律上の一貫性を欠くとともに、中央会機能を分断する意図が明確なものであった。

イコールフッティングの名のもとに行われた、中央会監査から公認会計士監査への移行については、これまで中央会監査が果たしてきた役割を無視し、指導監査としての協同組合監査を否定するものであった。

②全農にも選択により株式会社に組織変更できる規定が入った。全農としては、すでに必要な事業は子会社化しているが、かりに全農自体をＪＡ出資の株式会社にすると想定すればそれはできない相談である。

ＪＡの営農・経済関連事業の多くは赤字部門であり、株式会社にしてＪＡを統合すれば、全農経営はたちまち火だるまになるだろう。そのような会社は成立する訳がない。もし、どうしても株式会社にするとすれば、想像を超えるすさまじい合理化を余儀なくされ、とても組合員の負託に応えられるような組織にはなり得ないと思われる。

なお、連合会―会員農協に事業利用を強制してはならないことを規定する内容は、基本的には、前述した組合員とＪＡとの関係と同様な問題を内包している。

第2節　自己改革の推進（農協改革第2期：2016年4月1日～2021年3月31日）

農協改革第２期は、改正農協法施行（２０１６年４月１日）後の農協の組織・事業の見直し期間（５年間）の時期である。この時期は、農協の自己改革が推進され定着していった時期であった。

この時期、全中は自己改革を推進するとともに、准組合員の事業利用規制などその改変阻止対策に全力を挙げた。また全農に対しては経済事業改革が求められ、農林中金に対しては農協の信用事業代理店化が要請された。

自己改革については、農協法改正によって全面的に否定された既定路線踏襲の方針（２０１４年11月に策定した自己改革案）をその後も全面的に展開するものであったが、結果は政府による農協のＰＤＣＡ管理という形で決着した。

また、経済事業改革では買い取り販売の拡大や生産資材の銘柄集約などで一定の成果を上げ、信用事業の代理店化については、選択する農協はほとんどなかった。さらに、准組合員問題については、准組合員の意思反映を行うこととされ、全国一律の事業利用規制等は行わないこととなった。

1．自己改革の推進

（1）自己改革の意味

自己改革は、今回の農協改革における農協運動のキーワードになっている。前述のように、自己改革という言葉は、政府による「規制改革実施計画」の中で初めて使われたが、政府による自己改革の意味は、規制改革実施計画に盛られた内容を実行に移すことを求めるもので、農協の自己改革とは全く異なる意味を持っている。

自己改革は今回の農協改革の農協対応を象徴する言葉なので、改めてその意味を考えてみる。自己改革の意味を理解することは、今回の農協改革の本質を理解することであり、農協関係者はそのことに深く思いを巡らすべきである。

農協が掲げる自己改革とは「自分は何も悪いことはしていない、改革とは自分でやるもので他人からとやかく言われるものではない」とひたすら唱えることであり、農協内では全中が掲げる内容は全て正当化され問題にする人はほとんどいない。

自己改革について、農協法改正後のセミナーで農協組合長から「それは従来通りのことをやって行けばよいと言うことを意味するのか、であればあえて改革という言葉を使うのは理解できない」という趣旨の発言が出されていたが、このもっともな意見に対して、当局のまともな答弁が用意されることはなかった。

一方で、２０１４年の11月に全中が策定した自己改革案は、２０１５年8月の農協法改正において全面的に否定されたのだから、農協法改正後も農協がこの言葉を運動のスローガンに用いるのは、どう考えても論理的におかしい。

筆者は当初、自己改革という言葉は、全中が中央会制度を廃止され、開き直って使うことにした自己満足のフレーズであると軽く考えていたが、後になってこれには重要な意味があることに気づいた。

結論からいえば実はこの言葉は、全中が農協運動において2007年の参議院選挙以来自民党との間で築き上げてきた蜜月時代、その延長としての農協改革対応における2014年5月以来の自民党との間で行った密室議論という戦略上の失敗を棚に上げ、それを正当化するために使われるようになったものなのである。

この言葉は、自己を正当化するだけでなく、同時に自己の責任回避・責任放棄の意味を持つものでもあり、それは当時の農協改革対応を進めた全中や自民党の幹部にとって、誠に都合のよいものであった。

この点、自己改革は全中執行部がそれを意識するかどうかは別にして、結果的に善良な組合長はじめ農協関係者を本来の農協運動とは違った道に導くものであった。

この言葉は直接の責任を問われない多くの単位農協の関係者にとっても、何となく組合員に対して責任回避の響きを持つ心地の良い言葉でもあり、農協組織外の人に対しても、内容はよくわからないが農協は何やら改革を進めているらしいという印象を与えることで好都合であった。かくして自己改革は、農協組織内で大合唱されることになった。

合併前に農協運動の西の横綱と称されたいずも地区本部（ＪＡいずも）を擁する一県ＪＡしまねでさえ、「自己改革実践中」というワッペンを胸につけて農協運動を進めた。

いずれにしてもこの結果、今の農協内の大方の認識は次のようなものであり、全中が使う自己改革という言葉はこうした状況をつくり出すのに誠に効果的なものだった。

中央会制度については、中央会という名前は残ったし、農協法の附則で代表機能や総合調整機能が付与されて何も変わっていない。監査についても、中央会監査から会計士監査に変わったものの、農協がつくった「みのり監査法人」が監査を行うことになったので何も変わってはいない。

准組合員問題については、農協法改正後5年間の見直し期間を経て一律的な規制がかけられないことが明らかになったことで、これも何も変わっていない。農協の信用事業代理店化についても、採用する農協はほとんどなく何も変わっていない。経済事業改革についても一定の成果を上げ、全農の会社化も実現しなかった。

総じて、事態は何も変わってはいないのだから、われわれの方針は正しかった。したがって、従来通りの方針で運動を進めていけばいいということなのである。恐るべきことに、こうした自己正当化・責任回避の思い込みはさらに進み、「何も変わっていない」ということから、「何もなかったことにする」という誠に奇妙で、都合の良い心境に変化している（こうした現象を「ダチョウ効果・症候群」という）。

（注）1．全中は今でも廃止された中央会制度の下での創立記念日（12月1日）に祝賀の行事を行っており、「全中は創立70周年を迎えた」と真顔であいさつする役員もいる。

2．「ダチョウ（オーストリッチ）効果・症候群」とは、ダチョウはよくないことが起きた場合、頭を砂の中に突っ込む習性があり、転じて人が都合の悪い状況に遭遇すると、それを存在しないものとみなして避けることを言う。

もちろん、農協幹部の皆さん全部が事態をそう楽観的に見ているわけではない。だが自己改革に疑問を呈することは、同じ農協運動の仲間として何となく憚られ、一様に口を閉ざしてきているのが実態であろう。

一方で、この自己改革という言葉が持つ最大の問題は、それによって農協の真の改革が行われなくなることである。２０１５年の農協法改正後、全中が取り組むべきことは、農協法改正で否定された２０１４年11月に策定した全中の自己改革案を見直し、新たな農協運動の方向を議論することだった。

だがこのキャッチフレーズは、今回の農協改革を通じておよそ10年間にわたって使われ続け、全中はこの間の貴重な時間を無駄にした。このことは、農協にとって取り返しのつかない事態を招いている。

後にも述べるように、中央会制度廃止に関する責任回避の農協運動は、農協法改正にあたって責任をとらなかった山田議員の議員継続行動に端を発し、その後に自己改革を進めた中家徹全中会長と山田参議院議員３選を進めた飛田稔章全国農政連会長の行動に象徴的に見ることができる。二人はいずれも中央会制度廃止時の全中副会長であった。

なお、この時期に全中が取り組んだ重要課題に准組合員対応があるが、そのことについては、「第4章　准組合員制度」で述べることにする。

(2) 創造的自己改革

農協法改正以降の全中が進めた自己改革の展開（農協改革第2期：改正農協法施行から農協の組織・事業の見直し期間の5年間）を見れば以下のようである。

萬歳章全中会長辞任の後を受けて新たに全中会長となったのは、奥野長衛三重県農協中央会会長であった。奥野会長は当時、改革派とみなされており、大方の予想を覆し会長選挙で対立候補であった中家徹和山県農協中央会会長を破って全中会長となった。

選任確実とみられていた中家会長が奥野会長に敗れたのは、中家会長がその前に全中副会長（中央会制度廃止時の責任者）を務めていたことと無関係ではなかったであろう。

実はこの奥野会長の登場こそが、農協にとってその後の農協改革の転換点であり、真の農協改革、つまるところ農協法改正という形で敗北した総括に基づく新たな農協運動の提起を行う最大のチャンスであった。

だが現実に奥野執行部が取り組んだのは、それとは程遠く大きく期待を裏切るものであった。会長選の直後に行われた第27回ＪＡ全国大会（２０１５年10月）のテーマは「創造的自己改革への挑戦～農業者の所得増大と地域の活性化に全力を尽くす」であり、それは、２０１４（平成26）年11月に決定した前述の自己改革の３つの基本目標（①農業者の所得増大、②農業生産の拡大、③地域の活性化）の実現に向けた施策の具体化・見直しを行うという驚くべき内容だった。

ここでいう見直しとは、主に中央会制度（中央会監査を含む）廃止という情勢変化のもとでの必要事項の見直しのことを指しており、「農業者の所得増大」「農業生産の拡大」が強調されたものの、実質的には既定の地域組合路線の継続であった。

奥野会長に託された農協運動における歴史的役割は、農協法改正で否定された農協の自己改革案（２０１４年11月策定・地域組合論）からの転換であったのだが、この危機管理対応内閣ともいえる奥野体制は、その役割を果たすことはできなかった。代わる政策として出されたのが、それとは程遠い「創造的自己改革」であり「組合員アンケート調査」だったのである。

この点について、転換できなかった責任は、組織代表たる奥野会長にあるというよりは、当時の全中専務理事以下のテクノクラート（全中事務官僚）にあったと言っていい。それはテクノクラートこそが、それまでの農協運動の歴史や今回の農協改革の意味について考え、その対策を打ち出すことができる立場にあったからである。

だが、一般社団法人への移行が決まった全中に、もはやその力は残されていなかった。既定の地域組合路線の継続・自己改革は、会長選再チャレンジで登場した中家全中会長（在任期間：２０１７年8月〜２０２３年8月）に代わってからも、今日まで続く農協の運動路線として定着していく。（なお、中家会長は、２期目の再選にあたって、70歳未満から70歳以上への定年延長を行っている）。

ここで中家会長が全中会長に選任されたことには、特別な意味があった。中家会長は中央会制度廃止時の全中副会長であったのだが、中家会長が全中会長に選任されたことで、中央会制度廃止の責任は、農協内では事実上不問に付されることになったからである。

こうした中家会長にとって、自己改革は願ってもないキャッチフレーズにとして受け止められ、運動の合言葉になって行った。前述のように、同じく中央会制度廃止時に全中副会長を務めた飛田稔章北海道中央会会長は、後に全国農政連の会長となり、山田俊男参議院議員３選出馬に大きな役割を果たすことになる。

自己改革は、第27回JA全国大会（2015年10月）で決議された「創造的自己改革への挑戦」から、第28回大会（2018年3月）での「創造的自己改革の実践」、第29回大会（2021年10月）での「不断の自己改革によるさらなる進化」へと続いていく。

この三つの大会を通ずるテーマはすべて「創造的自己改革」であり、第27回大会でその「挑戦」、第28回大会でその「実践」、第29回大会でその「進化」と言葉を変えつつ、それ自体意味がよく分からないまま続けられることになって行く（第29回大会では創造的という修飾語は使われていないが、内容は同じである）。

このように「創造的自己改革」は、2015年10月のJA全国大会以降、今日に至るまで実におよそ10年近く、農協運動のキーワードになって行く。それは一体何を意味していたのであろうか。

この点について、全中では創造的自己改革について、次のように解説している。「創造的自己改革とは、組合員の願いを実現するため、各々のJAが多様な農業・地域の実態に応じて、自らの創意工夫に基づく積極的かつ多彩な事業と組織活動を展開し、地域の農業とくらしになくてはならない組織となることをめざす改革です」。

この解説を読んで、組合員や農協関係者は一体何を理解すればいいのだろうか。その内容は、創造（creation）ならぬ想像（imagination）であり、それぞれが勝手に思い描けばいいということなのか。

「自己改革」については、特段の説明がないものの農協法改正前の既定路線としての地域組合路線を続けていくということははっきりしているが、これに新に「創造的」という修飾語が付いた意味については、その内容が全く分からない。

しいて言えば、さすがに自己改革だけでは組合員に対して訴求力にかけると判断したからなのであろうか。内容がない場合に往々にして意味不明の修飾語が使われる場合が多いが、ここで言う創造的とは、その典型事例なのだろうか。否おそらくそれは、本質をそらす言葉としてあえて意図的に使われた言葉であろう。

ともあれ、農協法改正で否定された自己改革について、これを創造的自己改革と称してこれに挑戦し、実践・進化させるとはどういう意味なのか筆者には到底理解ができない。

付言すれば、同じく第27回大会から重点課題として使われているアクティブ・メンバーシップという言葉の内容についても、意味がよくわからない。大会議案の説明によればアクティブ・メンバーシップとは、「組合員が積極的に組合の事業や活動に参加すること。ＪＡにおいては、組合員が地域農業と協同組合の理念を理解し、『わがＪＡ』意識を持ち、積極的な事業利用と協同活動に参加すること」となっている。このような重要な時期に、こうした一般的な説明を聞いて、どれだけの人がその意味に共鳴するのだろうか。

また、全中が行った農協法改正後の農協対応の手段として、唯一ともいえる目玉提案は組合員アンケート調査（２０１７年7月全中理事会決定）であったが、これもその目的・やり方・結果といい、およそ改革には値しないものであった。

このアンケート調査は、当初は組合員１０００万人を対象に行われる予定であったが、その後いつの間にか「組合員調査」に置き換わり、対象も６００万組合員に変更された（アンケートは組合員の記入が必要だが、調査は農協等で任意に記入・集計できる）。

そもそもこのような無理な全組合員アンケート調査は、何故をもって提案されたのか。結果においても、農協が進める自己改革を正当化するために誘導されたもので客観性に乏しく、対外的には全く使い物にならないものだった。その後、この取り組みの費用対効果についての検証は、一切行われていない。

ちなみに、このアンケート調査の提案の後、ＪＣ総研「ＲＥＰＯＲＴ」誌上で「ＪＡグループ自己改革に関する意見交換会」（２０１７年12月12日）が行われている。この意見交換会は当時の全中比嘉政浩専務理事の呼びかけによるもので、メンバーは石田正昭（龍谷大学教授）、増田佳昭（滋賀県立大学教授）、北川太一（福井県立大学教授）、西井賢悟（JC総研主任研究員）〈肩書は当時〉といった、地域組合論者と思われる諸氏であった。

ここでは農協改革についての問題点・反省などは語られず、むしろそれとは正反対の実現困難な農協の地域組合化に向けての法整備などが、のんびりと話題にされている。中央会制度の廃止や地域組合の否定を盛り込んだ農協法改正で、農協運動が新たな段階に入ったという緊迫感など全く感じられない意見交換会だった。

2021年10月に開催された第29回JA全国大会は、全中が一般社団法人に移行（2019年9月末）した後の、新たな農協運動展開の元年ともいうべき歴史的大会であったが、そのような認識は全く示されず、変わりなく「不断の自己改革によるさらなる進化」が謳われた。

2．経済事業改革と信用事業の代理店化

（1）経済事業改革

2016（平成28）年11月11日の「規制改革推進会議」からの衝撃的な提言、「①全農の農産物委託販売の廃止と全量買い取り販売への転換、②全農購買事業の新組織への転換（いずれも1年以内）、③信用事業を営むJAを3年後を目途に半減、④准組合員の利用規制についての調査・研究の加速」が行われた。

これを契機に全農改革が加速し、全農は生産資材価格の引き下げ（肥料の銘柄集約、

ゼネリック農薬の活用等）、販売力強化（買取販売等）について2017（平成29）年3月の総代会で具体策を策定、また同年4月には「魅力増す農業・農村の実現のための重点事項等具体策の策定」が行われた。

前述の「規制改革推進会議」の意見では、①生産資材について、全農は仕入れ販売契約の当事者にはならない、全農は農業者に対して情報・ノウハウ提供に要する実費のみを請求する組織とし、1年以内に新組織へ転換すること、②また、農産物の販売については、1年以内に委託販売を廃止し全量を買い取り販売に転換すべきなど、およそ事業実態にそぐわず、まったくの空論ともいうべき内容も含まれていたが、JAグループ挙げての反対運動の結果、さすがにそのような意見は採用されることはなかった。

全農では、政府の「農林水産業・地域の活力創造プラン」に基づき、全農改革の年次プランを作成して取り組むとして、2017（平成29）年3月28日の全農総代会で次のような内容を決めた。

生産資材事業（肥料）については、戦後の食糧増産政策を補完した肥料2法による「全国あまねく良質の肥料を供給する」という事業モデルを基本的に継承しつつ、新しいモデルとして共同購入の実を上げるようなシンプルな競争・入札等を中心とする購買方式に抜本的に転換する。

また、海外からの製品輸入の取り扱いを含め、業界再編に資する資材価格引き下げの改革を不断に実行していくとした。さらに、新事業モデルの実施にともなう、「価格と諸経費の区分請求」の事務は、肥料にとどまらず、他の生産資材も含めて２０１７（平成29）年度から順次実施していくとした。「価格と諸経費の区分請求」は、従来ペーパーマージンとして批判の的にされていた手数料の明瞭化を狙いとするものであった。

販売事業（米穀・園芸）については、「誰かに売ってもらう」から「自ら売る」に転換するとした。これは、ＪＡの販売組織が従来、農産物販売の中間業者であったことからの脱却宣言と受け取れる。

米穀事業については、旧食管法の流通構造（全農は卸業者に玄米を供給、精米流通は米卸業者）のもとでの事業マインドが根強く、消費形態の変化や消費減少・飽和状態での最終実需である精米分野への進出が不可欠とした。

また、園芸事業では、従来の卸売市場の機能が無条件委託の価格形成・代金決済機能から予約相対取引等による価格形成機能に移行していく。

以上のような取り組みの結果、２０１８年春肥用の高度化成・ＮＫ化成肥料について、銘柄の集約（従来の約４００から17への絞り込み）と、集約した銘柄への事前予約の大量積み上げにより、基準価格より１～３割の価格引き下げの実現などの成果を上げた。

全農では、2017年度は肥料の銘柄集約や米の直接販売等について、ほぼ目標通りの実績を確保し、これを受けて2018年度の目標に向けて一層自己改革を加速させるとした。

全農の場合は、農協改革の目標をすでに3か年計画や単年度事業計画に織り込んで実施に移しており、自己改革という文言は現実に即したもので、それほどの違和感はない。

(2) 信用事業の代理店化

農林中央金庫は、2017(平成29)年3月15日に「JAバンク基本方針等見直しの検討方向について~経営基盤確立等に向けた枠組み整備等~」をまとめ、組織討議に入った。具体的には、「29年度上期中を目途に、代理店スキーム(手数料水準を含む)の全JAへの説明を完了させる。各JAの信用事業運営体制のあり方検討(代理店の検討を含む)は、規制改革推進会議が5年間の農協改革集中推進期間としている2019(平成31)年5月までに結論を得る運びとしたい」とした。

一方で、2016(平成28)年3月のJAバンク基本方針の改定では、「JAが組織再編を行う場合、合併による取り組みが基本となることに変わりはないが、JAが営農経済事業に注力するため自ら希望して信連または農林中金への信用事業譲渡(代理店化を含む)を行う場合等について円滑な信用事業譲渡の実現を後押しするために必要な支援措置を設ける」としていた。

上記の検討方向では、「総合事業経営の継続を前提としながらも、金融機関水準の高度な内部管理体制を総合事業体として確保する必要があるので、自前での内部管理体制の確保が困難な場合は組織再編（合併）を推進し、合併がどうしてもできない場合、事業譲渡スキームの活用を検討する」としてさらに踏み込んだものとなった。

以上により信用事業譲渡（農協信用事業の代理店化）については、農協段階で検討が行われ、2019年8月にその結果がまとめられた。それによれば、事業譲渡を検討している農協は、613農協（2019年5月末）のうち、わずか5農協にとどまった。

なお、今回の農協改革とは直接の関係はないが、農林中金は2024年8月1日の経営管理員会で1・3兆円（後配出資の受け入れ7360億円、劣後ローンによる借り入れ6000億円）に上る信連・農協からの増資を決議した。

金利の上昇によって、保有する米国や欧州国債の評価損が拡大し、収益の改善と資産の入れ替え（ポートフォリオの改善）を進めるためと説明されている。これに伴い、2024年決算で1・5兆円程度の赤字を見込み、赤字計上で農協や信連などに対する配当はなくなるが、信連・農協からの預金に対する金利（奨励金）は当面維持するという（以上の増資関連の数字は、2024年8月2日付け日本農業新聞記事）。

２００８年に起きたリーマンショックの時にも農林中金に対して信連・農協から増資が行われており、その規模は１・９兆円に上る巨額なものだった。このように、農林中金は金融危機への対応策として、信連・農協からの増資という手段でこれを乗り越えてきた。

こうした対応措置は、組合員〜単位農協〜連合組織（信連・農林中金）という農協の組織形態・事業運営方式からもたらされるもので、協同組合の特性・優位性を現わしているといってよい。これに対して農林中金・信連による農協の信用事業代理店化はどのように評価されるものか。

農協が代理店を選択しない理由は、提示される代理店手数料ではとてもやっていけないというのが多くの理由のようであるが、それとは別に、このような金融危機に対して代理店方式が今の事業方式よりより有効に働くのかどうか、しっかり検証されるべきであろう。

付言すれば、リーマンショックは、サブプライムローン（またはその類似商品）という不良債権が世界中にばらまかれたことで起こった利益第一の資本主義経済の負の側面が出たもので、２０１２年を国際協同組合年とした国連でも協同組合の有意性を高く評価していた。

しかし、今回の農林中金の経営問題は金融界全体の問題ではなく、農林中金の資産運用の意思決定が不適切（有識者会議報告）とされており、いわば協同組合運営の負の側面が表面化したものである。この点、協同組合は万能ではなく、運営には万全の注意が必要である。

また、共済事業については、農協改革でほとんど問題にされなかったが、それは、共済事業においては組織の２段階制（単位農協と連合組織）により、実質的に単位農協の代理店化が実現しているからであった。

その共済事業について、近年では自爆営業と称される強引な事業推進に批判が集まり、農水省の監督指針が改定される事態になった。共同体と機能体機能が混在する農協においては、その運営にあたり集中・集権と分散・分権の最適バランスをどこに求めるのか、最も大きな課題である。それは、単位農協（とくに１県１ＪＡなど大型農協）と連合組織を通ずる共通・共有の課題でもある。

いずれにしても以上のように、農協改革について、農協理念や准組合員問題など組織制度上の問題については混迷を深める結果を招いているが、政府関与が限定される事業上の課題については一定の成果を上げることができたといってよい。

３．ＰＤＣＡ管理

２０１６年４月から２０２１年３月まで５年間の改革集中推進期間をふまえて、

2021年6月18日には政府の「規制改革実施計画」が閣議決定された。この政府計画は、農水省が提起し、規制改革推進会議の答申に盛り込まれた内容を踏襲したものとされる。

その内容は、各農協で農業振興などのKPI（重要業績評価指標：Key Performance Indicator）を定め、①自己改革の具体的方針、②中期計画の収支見通し、③准組合員の意思反映と事業利用の方針を策定する。

そして、その方針を総会で決定し（Plan）、方針に基づいた改革を実行（Do）し、改革の実績と方針を比較分析して組合員に説明し、その評価（Check）を踏まえて計画に反映し、方針を修正（Act）するというものである。これはつまるところ、政府による農協のPDCA管理である。

われわれは、5年間の見直し期間の後、結論として出された政府による農協のPDCA管理をどのように評価すればいいのだろうか。この点について、中家全中会長は退任インタビューで次のように評している。

「全国のJAが全力で自己改革に取り組んだことが自己改革実践サイクルの構築という決着に結び付いた」。「JAの自己改革の努力が准組合員の事業利用の在り方は組合員判断であるとの理解を広げ、決着に導いた」。「自己改革に終わりはない」（日本農業新聞２０２３年8月17日付け）。

ここでは、あたかも政府による農協のＰＤＣＡ管理が成果と見なされ、それは自己改革のお陰である、准組合員問題を決着に導いたのも自己改革であると自己改革礼賛であるが、こうした見方について本書に目を通された読者の皆さんは、一面でそれは事実誤認であり大変危険なことであることを察知されるだろう。

全中だけでなく政府や自民党も、この見直し期間を通じて全中が提唱した農協の自己改革について、口では良くやっているとまことしやかなエールを送ってきているが、これも真に受けることは危険である。

本節の「自己改革の意味」で述べた通り、自民党の言うことは自己都合で全く信用にならない。半面で、政府が言うことには注意が必要だ。これまで再三にわたって述べてきたように、全中は政府の農協改革の意図について、われ関せず、従来の方針が正しかったとして独善的な自己改革を推し進めている。

こうした農協の自己改革を政府が容認するはずがない。これに業を煮やした政府は、「そういうことなら、もはや農協のやることには信頼がおけない、政府自ら農協のＰＤＣＡ管理をやって方向を正す」というのが、政府の本心と見てよいのではないか。

その意味からすると、政府による農協のＰＤＣＡ管理は、中家会長が言うような農協による自己改革の成果でも何でもなく、農協にとって極めて屈辱的なものだった。正常時において、他の企業にこのような例はない。日本農業新聞の見出し「自己改革に終わりなし、回せ回せＰＤＣＡ」などは意味不明で、編集者の目が回っているとしか言いようがない。

政府によるＰＤＣＡ管理は、具体的には政府の農協・連合会等への監督指針によって行われる。監督指針による農水省の指導は農協に対して直接行われ、一般社団法人になった全中はこの監督指針の通知先にさえなっていない。

監督指針には２０２２年から金融庁による早期警戒制度の適用が盛り込まれ、５年先の農協の経営見通しの明示が求められており、共済事業については、強引な推進、いわゆる農協の自爆推進が問題視され、２０２３年2月には監督指針の改定が行われた。

付言すれば、農協のＰＤＣＡ管理について、政府は、指導は行うものの、それは後になって政府の責任を問われないようにすることに重きが置かれ、結果について責任をとることは一切ないだろう。

後にも述べるように准組合員の意思反映などは、その意味するところについて当の農水省さえ明確にしていない。再び准組合員批判が巻き起こった場合、その責任はすべて農協に負わされることになるだろう。

（参考）農協改革（関連事項を含む）の軌跡

年　月	事　項
2014年5月	「規制改革会議の農業ワーキング・グループの提言書」公表
5月	農協改革対応の自民党合同会議の開催
6月	「規制改革実施計画」の閣議決定
9月	全中　JAグループの自己改革に関する有識者会議の開催
11月	「JAグループの自己改革案」の公表
12月	第47回衆議院総選挙
2015年2月	中央会制度廃止を含む農協法改正案の受諾
2月	安倍総理　国会で農協改革の所信表明
4月	改正農協法の国会審議開始、萬歳全中会長・同冨士専務辞意の表明
8月	奥野全中会長就任
8月	改正農協法成立
10月	第27回JA全国大会「創造的自己改革への挑戦」
2016年3月	JAバンク基本方針の改定（事業譲渡対応の情報システムの構築）
4月	改正農協法施行
7月	参議院選挙（藤木眞也氏当選）
11月	規制改革推進会議の意見（委託販売の廃止と買い取り販売への転換等）
11月	「農林水産業・地域の活力創造プラン」の改定
12月	環太平洋経済連携協定（TPP）批准国会決議

２０１７年３月	全農　農協改革の年次プランを決定
４月	「魅力増す農業・農村の実現のための重点事項等具体策」ＪＡグループ
５月	農業競争力強化支援法成立
６月	みのり監査法人設立
７月	全中　１０００万人組合員のアンケート調査の決定
８月	全中　中家会長就任
10月	第48回衆議院総選挙
２０１８年３月	第28回ＪＡ全国大会「創造的自己改革の実践」
４月	主要農作物種子法廃止
６月	准組合員の事業利用は組合員の判断（自民党二階幹事長発言）
８月	「組合員の判断」自民党が決議
12月	ＴＰＰ発効
２０１９年２月	ＥＵとの経済連携協定（ＥＰＡ）発効
５月	農協改革集中推進期間終了
７月	参議院選挙（山田俊男議員３選）
８月	農林中金への事業譲渡意見集約
９月	全中　一般社団法人に移行
９月	日米貿易協定最終合意
２０２０年６月	会計士監査（２０１９年度決算）開始
７月	全中　組合員調査の結果公表

8月	全中　中家会長再任
12月	種苗法の改正
2021年3月	准組合員事業利用規制検討期間終了
6月	「規制改革実施計画」閣議決定
10月	第29回ＪＡ全国大会
2024年10月	第30回ＪＡ全国大会

（注）筆者作成

第3章　中央会制度

要点

中央会制度は、第2次大戦後今日までおよそ70年間にわたって農協運動を牽引してきた農協指導にかかる国の代行制度であった。この制度は、戦後経営難に陥った農協・経済連の再建整備のために、これも国の主導で進められた整促（整備促進）7原則とともに、今日の農協発展に大きく寄与してきた。

整促7原則とは、一口で言えば、農家組合員の農協事業の強制利用（系統全利用）を促し、他方で連合会の経営責任を問わないことにする行政指導ともいうべきもので、この原則の徹底によって農協の事業は大きく拡大してきた。

中央会制度と整促7原則という強力装備を身に着けた農協は、日本の高度経済成長期を通じてさながら無敵艦隊のごとき力を発揮して巨大組織に発展してきたが、今日の農協発展の基礎をつくってきた農協の中央会制度が、今回の農協改革で廃止になった。

こうした状況のなかで考えなければならないことは、かつて中央会制度が持っていた巨大な組織の権限・実態がかえって改革の桎梏（足かせ手かせ）になるという事態である。

それは中央会制度に限らず、あらゆる組織が大きな変容を余儀なくさせられた場合に起きる共通の現象であり、それまでの組織の権限が巨大であればあるほど、それは顕著である。

それゆえ、今後は農協の自らの改革力を前提に、自主的な研究会組織などが切磋琢磨して農協や中央会組織を支えていく必要があるだろう。農業振興のための農協は、協同組合として、また総合農協として今後もその役割発揮が期待されており、そのため農協にとって従来の中央会的組織の存在は必要不可欠と考えられる。今後それは、農協自らがつくっていかなければならない。

第１節　中央会制度の創設

１．創設の背景

１９５４（昭和29）年の農協法改正で中央会制度は農協法の中に位置づけられた。それまでの農協の指導組織は指導連であり、全中の前身は全国指導連（全指連）であった。中央会制度創設の背景には、戦後の経済混乱に基づく農協の経営危機と農業団体の再編問題があった。

経営危機について言えば、１９４９（昭和24）年の時点で総合農協数は1万５０００を超え、経営基盤がぜい弱な農協が乱立し、設立後数年を経ずして経営危機に陥る農協が続出してその対策が迫られたのである。

だが、農協は戦後の経済混乱の中で自力更生がかなわず、いわゆる再建3法と言われる、「農林漁業組合再建整備法」１９５１（昭和26）年、「農林漁業組合連合会整備促進法」

53（昭和28）年、「農協整備特別措置法」56（昭和31）年によってようやく経営再建がはかられた。

このような背景のなかで、①農協の経済団体としてのあり方の反省と再認識のもと、②国の方針に呼応して組合の指導を総合的かつ公共的に行いうる指導組織の必要性から中央会制度が創設されることになった。

ちなみに、農協組織では、第2回全国農協大会で「農協総合指導組織確立に関する決議」（昭和28年12月3日）が行われている。中央会制度の創設について、筆者は職場の先輩から、中央会は農協の経営指導に関する国の代行組織であると同時に、他方で農協よる自主運動組織と教えられてきたが、今回の農協改革での中央会廃止の経過を見れば、中央会はとても農協による自主運動組織であったとは思えない。

中央会制度は、以下に述べるように農協の経営指導に関する国の代行組織であり、完璧と思える制度上の圧倒的な力を持つ組織であった。当時の農林省はこうした法整備の上、前の農協ビルの敷地（東京都千代田区大手町1の8の3）を無償で全中（敷地は全中、全農、農林中金の共同所有）に払い下げ、初代会長として農林省で事務次官を務めた荷見安氏を送り込んだ。荷見氏は歴代次官のなかでもコメの神様と言われる大物だった。農協で全中会長になったのは、1964年の米倉龍也第二代会長（長野県農協中央会会長）

からである。

2. 制度上の地位と性格

農協中央会は、形式的には農協連合会と相似した性格を有するように見えるが、組合とは本質的にその地位と性格を異にする。農協は、その構成員のため必要な一定の事業を協同して経営し、これを構成員の利用に供することによって共通の利益の増進をはかる自主的相互扶助の団体であり、連合会もその例外ではない。

これに対して、中央会はその構成員のためにのみ事業を行うのではなく、広く全農協の健全な発達をはかることを目的とし、その活動の範囲は、単に構成員の間にとどまらず、広く組合全般にわたり、いわば「組合社会一般の利益」に奉仕すべきものと考えられた。

中央会の主たる事業は、組合指導と組合教育であり、必ずしもいわゆる農政活動や技術指導を否定しているわけではないが、指導、教育、監査、啓蒙宣伝、調査というような仕事によって、あらゆる組合がよりよく組織され運営されるように努めることがその任務と考えられた。

この任務を十分に達成することができるようにするため、中央会は農協系統組織のなかにあって特別の地位を与えられていた。

すなわち、中央会は他の連合会と並列的な地位において事業を行うのではなく、いわば組合より一段高いところから全組合の指導をすべきものと考えられた。

農協の育成強化あるいは組合教育は、新しい農協制度の発足以来、主として国や県の任務と考えられてきたが、中央会はこのような国や県の仕事に代位し、これを補充する活動を行うべき性格を保有すると考えられた。

この意味で、中央会はいわゆる組合運動の総合的調整機関たる性格を有する半面、国の政策目的に即応してその事業を行うべき性格を有するものとして構想されたのである。しかしだからと言って、中央会は国や県の下請け団体ではない。中央会は組合を主たる構成員とした自主性を持つ存在であるからだ。

要するに中央会は、農協の自主的活動の中枢的存在であると同時に、行政目的に即応しこれを補完すべき使命を有するものと考えられたのであって、中央会はこの二重のしばしば調整困難な機能のゆえにこそ農協制度のなかで特異な存在であった。

このような特異な性格および目的に基づいて中央会は組織構成においても独特の形式をとっている。すなわち、中央会は全国中央会と都道府県中央会という二段制の組織形態をとっているが、中央会の目的は国の政策目的に合致しつつ組合全体の指導、教育および組合運動の推進をするというところにあるので、全国中央会と県中央会がまったく独立的存在であることは許されない。そこで、県中央会は全国中央会に当然加入するとともに両者の会員はできるだけ共通にするという手段がとられ、さらに全国中央会は県中央会に対して指示調整する権能が付与された。

要するに、全国中央会と県中央会は法人としては別々の組織ではあるが、実質的には全中のもとに県に支会を置くがごとく、全国で一つの組織体として機能するように措置されたのである。

なお、『制度史』では特に触れられていないが、中央会がいわゆる賦課金によって運営されることも法律上明確にされており、中央会の活動に必要な経費は会員に賦課することができ、しかもそれは、いわゆる賦課金徴収権として保障されていたことも忘れられるべきではない。

３．事業の内容

中央会は、組合の健全な発展をはかるため、①組合の組織、事業および経営の指導、②組合に関する教育および情報の提供、③組合の監査、④組合の連絡および組合に関する紛争の調停、⑤組合に関する調査および研究、⑥その他目的を達成するために必要な事業を、その会員であると否とを問わずすべての組合について行うことを主たる任務とする。

これらの事業規定は、農協法による事業の制限列挙規定と似ているが、農協の制限列挙規定と違うのは、農協の場合、列挙された事業を必ずしも行う必要がないのと違い、中央会はその組織上の性格から必ず行わなければならないものと解されている。

(1) 組合の組織、事業および経営の指導

ここに指導とは、単に組合の組織を整備し、事業を振興し、また経営を改善するために必要な知識を提供するだけでなく、知識を提供するとともにこれを消化させ、実際に活用し、その効果を見届けるまでの過程を含む一貫的・総合的なものでなければならないと考えられた。

組合の組織の指導とは、たとえば組合員の結合の強化、組合が適正な経営規模になりうるように地区を拡大し、組合員数を増大させるよう指導し、あるいは組合数を整備し、また単位組合と連合会との機能分担の整序や有機的関係の確立などの指導を意味するものと考えられ、行政庁の方針と表裏一体の関係において行われることが望ましいとされた。

組合の事業の指導とは、組合の行うすべての事業について、それが健全かつ効率的に、また最も組合員の利益に役立つように行なわれるよう、組合の実情をも考慮してなされるべき一切の指導活動を指したものである。

このなかには生産関係の指導を含めて考えられたが、農業生産に関する指導は、農民に対するそれを意味するのではなく、組合が直接農民に対して行う事業をよりよく行ないうるよう組合に対して指導するべきものと考えられた。

（２）組合に関する教育および情報の提供

組合に関する教育および情報の提供とは、かつて産組中央会が行ったような諸種の教育活動などを新しい事態に即応して行うことを目的としたものであって、組合の発達をはかるために必要な限りにおいて組合および組合員に対してのみならず、一般の農民を対象としても行いうるものと考えられた。

（３）組合の監査

中央会が行う監査は、行政庁の監査と異なり本来、組合の内部監査すなわち組合が行う監事監査に代わるべきもの、またはその援助という意味に解され、対象組合の同意に基づいて行われる一種の受託監査であった。そしてそれは、指導事業と表裏一体の関係において運営されるべきものとされた。

また、中央会の監査については、その事業の性格に鑑み、制度上特別の措置がとられた。すなわち、中央会が監査事業を行おうとするときは、監査の要領およびその実施方法ならびに農協監査士の服務に関する事項を記載した監査規程を定めて農林大臣の承認を受けなければならないものとされた。

（4）農政活動

いわゆる農政活動をいかなる団体が行うべきかという問題は、農業団体再編成をめぐる議論の中心課題の一つであった。この団体問題の帰結として、農政活動は農業会議所系統で行うべきものとして制度的措置が講ぜられた。しかし、だからといって中央会に農政活動の機能が全く認められなかったわけではない。

法律は一定の限定のもとに中央会の農政活動を是認し、とくに行政庁との関係において、「中央会は組合に関する事項について、行政庁に建議することができる」旨を規定したのである。

中央会の目的が組合の健全な発達をはかることにある以上、組合とは直接関係のない農民一般、農業一般の問題は中央会の農政活動の範囲外にあるとするが、一方で、農政活動を行政庁に対する建議と言う形で認めたのである。

（5）全国中央会の県中央会に対する指導連絡事業

中央会が組合全般の発達をはかるため必要な事業を効果的に実施するには全国中央会と県中央会とが一体不離の関係に立たなければならない。このような観点から「全国中央会はその事業の浸透徹底を図り、又は県中央会の事業の総合調整を行うため、県中央会の指導及び連絡に関する事業を行うことができる」こととされた。

また、指導および連絡を行うため必要があるときは、全国中央会は事業計画の設定・変更、または業務の重要事項の指示や県中央会からの報告の徴収などができることとされた。以上の事業は、事業というよりは、全中と県中の一体となった特別の機能を現したものと言える。

以上の2．と3．については、『農業協同組合制度史』財団法人協同組合経営研究所刊（1967年）「第2巻第5章第2節」に基づいて述べている。できるだけ原文を尊重したが、読みやすくするため一部筆者による加筆・修正を行った。

第2節　中央会制度の廃止

1．法制度上の変質

今回の農協法改正で中央会制度は廃止され、中央会は前述の制度上の地位と事業内容のすべてを失うことになった。中央会制度は、農協法の第3章の「農業協同組合中央会」によって規定されていたが、この規定の「削除」というたった二文字によってであった。

前節で述べた中央会制度の内容を、農協の関係者はどのように受け止めていたのだろうか。いま改めて『農業協同組合制度史』を紐解いてみて、農協の指導組織としての中央会制度の完璧さに驚愕するばかりである。

この完璧なまでの組織の頂点に立つ全中は、この制度の悪用（選挙利用）によって自らの制度上の組織のすべてを失った。全中自らが自身の組織が何たるかの自覚に欠けていたとはいえ、全く取り返しのないことをしたものだと思う。

中央会制度の廃止によって、県中央会は、①会員の要請を踏まえた経営相談・監査、②会員の意思の代表、③会員相互間の総合調整という業務を行う連合会に、全国中央会は、会員の意思の代表、会員相互間の総合調整などを行う一般社団法人に移行することができることとされた（附則第9条から第27条まで）。

これまで、全中と県中央会は一体となって単位農協を指導する組織であったが、全中と県中は法律上別の組織になり、両者は完全に分離・分断されることになった。全中と県中は、組織としての整合性さえなく、木に竹をついだように一般社団法人と連合会に分けられた。

前述のように中央会制度の下では、都道府県に一つ、全国に一つの中央会が置かれ、県中と全中は別組織であったものの、実質的には県中を支会として全中・県中が一つの中央会として機能してきた。今回の法改正で、こうした中央会の組織力は跡形もなく消えることになったのである。

また中央会への加入について、これまで会員資格を持つ県中央会と県中央会の正会員たる組合は、すべて全中の会員になることが義務付けられていたが（当然加入）今後は、組合が県中央会の会員になること、また組合や県中央会が全中の会員になることは全く自由であり、それは専ら組合等の自由意思によることになった。

さらに、中央会は定款の定めるところにより、会員に経費を賦課することができる（賦課金徴収権）とされていたが、今後は必要な経費は、全中の場合、会費によって賄われることになった。賦課金は会員への経費の割り当てであり、それは必ずしも対価性（費用対効果）を伴うものではなかった。

今後、全中の運営経費は会費によることになるが、会費がどの程度の対価性を持つかどうかは別にして、今後は賦課金よりは費用対効果がより明確にされて、会員の義務として会員の自由意思によって収められることになる。

これまでの中央会制度は、農協と農水省が一体となって機能してきたものであり、したがってまた、会員が中央会に支払う賦課金は、全体としてその多くを農水省に対して支払うという潜在意識があったと思われる。突き詰めていえば、いざというとき農水省が何とかしてくれるという組織の担保金という意識である。

実際、農林省（当時）は再建整備のための経営指導を自ら行うのではなく、中央会制度を創設することによってその経費を農協に負担させ、見返りに実施事業の明定、賦課金徴収権など強大な権限を中央会に与えることにしたのである。

言い換えれば、中央会制度における賦課金は、全体として一種の税金と言っていい性格をもっていたと考えられる。

今後そうした面での意識が変わり、とくに全中は、組合等の会員から費用対効果という観点で、会費について厳しくチェックされることになることを覚悟しなければならない。

なお、中央会制度の廃止に伴って、都道府県中央会は連合会となり、その経費は中央会制度のもとにおける賦課金ではなく農協法第17条の「組合（連合会）は、定款の定めるところにより、組合員（組合）に経費を賦課することができる」の規定による賦課金で賄うことになった。

こうした法制度上の変質を見ると、都道府県中央会はともかく、全中は制度廃止により実質的に解散命令を出されたのに等しい事態に陥ったと考えてよいだろう。この点については、そうした方が今後の自主的な農協運動の確立にとって好ましかったともいえるが、残余財産の処分問題を考えるとそれはできなかったという人もいる。

2. 事業内容の変質

以上に述べたように、これまでの中央会制度では、全中と県中が一体となって組合を指導することとして、①組合の組織、事業及び経営の指導、②監査、③教育及び情報の提供などが事業として位置付けられていた。

今回の改正で、県中央会は、①会員の要請を踏まえた経営相談・監査、②会員の意思の代表、③会員相互間の総合調整の事業を、全国中央会は、①会員の意思の代表、②会員相互間の総合調整などの事業を行うことに変わった。

とくに、全中については、事業内容に具体性はなく、代表・調整機能など抽象的な規定となっている。

ここで､改めてこれまでの中央会制度が掲げていた事業の意味について考えてみたい。それは、今後の農協運動にとって大きな意味を持つと考えられるからである。

中央会制度における中央会事業の中核は、農協の組織、事業及び経営の指導となっている。前にも述べたように中央会制度の創設は、基本的には農協の経営対策として打ち出されてきたものであり、それは当然のことであった。

問題は、ここでいう経営の意味であり、それがなぜ教育と情報提供とともに謳われているかということである。一般的にここでの経営は､単に農協の経営ということであり、それ以上でも以下でもない。

前述の『制度史』でも経営という言葉に特別の意味を持たせてはいない。一方で、この経営という意味を「協同組合らしい経営」というように置き換えて考えてみることはできないか。

この点に着目して中央会の事業規定を解説したものは、筆者の知る限り皆無であるが、中央会の事業をこのような観点から見直してみると、それは、にわかに重要な意味を持つことになることに気付く。

ここでいう「協同組合らしい経営」とは、協同組合原則に基づく農協の「理念・特質・運営方法」を実現する経営のことである。

（注）1．このような中央会事業についての見方は、中央会制度を農協法に盛り込むにあたってつくられた、農協中央会設立委員会（農協中央機関の代表で構成・昭和29年7月26日）においてまとめられた「農協中央会のあり方」で述べられている、次のような指摘と符合するように思える。

「農協運動には、常に共通の意思が確立されていることが必要で、この共通の意思は、結合を根本とした協同組合原則の堅持という不動の基礎に立って民主的に結集されたものでなくてはならない。中央会の任務は、この共通の意思を結集し、これをすべての農協活動の基準とさせるとともに、

2. 対外的に農協全体を代表するものである」。
協同組合（農協）の理念・特質・運営方法については、拙著『新協同組合ガイドブック』全国共同出版株式会社（２０１２年）を参照されたい。理念とは協同組合（農協）組織の目的、特質とは同じく体質・特性、運営方法とはワザを意味する。

このような考え方に立てば、中央会は協同組合原則に基づく協同組合らしい組織・事業・経営を指導し、その内容について教育し、内外に情報提供（広報）せよと解釈できる。さらに踏み込んでいえば、中央会は農協として農業振興に関する協同組合らしい組織・事業・経営に関するビジネスモデルを開発・指導し、それを組合（員）と共に学び（教育し）、またそれを内外に知らせる情報（広報）活動を行えと受け止めることができる。

中央会事業の柱として、監査は別として、なぜ①経営指導、②教育、③情報提供が位置付けられていたのか、もしくはこれらの事業の相互の関連性をどのように考えればよいのかについて、筆者は職場の先輩や同僚からそのような説明を受けたことはないし、学者・研究者などもそのような解釈を加えてはいない。

この点について、恐らく行政サイドもそこまでは意識していなかったのであろうが、なぜ中央会事業として経営指導・教育・情報提供が事業の柱になっているのかを説明するには、このように考えるのが最も合理的なように考えられる。

そして、ここが重要な点であるが、今にして思えば、中央会が「協同組合原則に基づく協同組合らしい組織・事業・経営を指導し、その内容について教育し、内外に情報提供（広報）する」ことこそが農協運動であり、中央会制度は中央会がその役割を果たすことを保証していたのである。

またそのことは結果的に、中央会が農協に対する単なる経営指導だけでなく、協同組合運動の司令塔としての役割を与えることになったと解してよいだろう。これを農政運動との関係で見れば、中央会は協同組合らしい経営の指導を行い、協同組合運動の司令塔の役割を果たす組織であり、いわゆる農政活動を行う組織とは一線を画す組織であると認識できる。

ちなみに筆者は、農協運動と農政運動（活動）の違いについて、農政運動は主に農協の既得権益の確保のために行われる運動（例えば予算獲得、制度維持の運動）であり、農協運動とは協同組合的経営によって、組合員農家のニーズを実現し、新たな社会的経済的価値を生み出す運動であると考えている。

後に述べるように、一般社団法人となった全中は農政活動に傾斜しているように思えるが、これは中央会の本来的な姿ではない。

これまでに全中が農協運動として展開してきたものは数多くあるが、その一例をあげれば、営農関係では、営農団地造成運動、地域営農集団の育成、集落営農や近年では農業生産法人の育成、農産物直売所の展開などがあり、そのほかには、農協合併と系統2段階制の推進や高齢者福祉対策の推進、農と住が調和したまちづくりの推進などがある。

このように考えると、旧農協法の中央会制度は、農協が協同組合であることを深く認識し、協同組合らしいやり方で農業振興を促すもので、誠によくできた得難い農協の指導規定だったのであり、行政はこのような農協の指導機関たる中央会制度をつくることによって、農協（協同組合）を通じて農業振興をはかろうとしたと考えられるのである。

農協関係者は、こうした中央会の指導規定を本当の意味でどこまで理解してきたのか。このことを理解するためには、協同組合（経営）論の確立が不可欠である。

ちなみに、中央会制度とともにこの時期、農林省（当時）の手によって創設された協同組合の研究機関も「（財団法人）協同組合経営研究所」となっていた（下線筆者）。

以上のように考えると、中央会における経営とはあくまで協同組合らしい経営の「指導」であり、農水省が法改正を通じて新たに打ち出してきている経営「相談」などでは決してないのである。そしてまた、経営指導と教育・情報提供（広報）は常に一体でなければならないことが分かる。

いずれにしても、こうした事業規定により、これまでの中央会制度は、実質的に農協の協同組合としての内実を支え、保証してきたものと言ってよく、事業規定の改変・破棄は今後の農協組織に甚大な影響を及ぼすことになる。

なお、中央会事業のうち、監査については、今回の措置で会計監査人（公認会計士）監査に置き換えられた。監査は、農協の経営指導と一体にして行われてきた中央会独自の事業であり、それは会社を対象とした計理士制度の歴史とならぶ、戦前の産業組合以来の中央会の事業であった。

今回、この中央会監査制度は、他の企業とのイコールフッティングの名のもと、実にあっさりと農協から手放すことになった。

3．制度廃止の原因

今回の農協改革における最大の問題は中央会制度の廃止だった。中央会制度は戦後の農協運動を特徴づけるものであり、中央会制度によって農協運動は大きく発展してきた。その意味で、中央会制度は間違いなく戦後の農協運動を牽引した存在であった。

したがって、この制度がなぜ廃止になったのか。その原因究明は、農協にとって将来の農協運動の方向を決定づける最も重要な問題である。原因究明は、直接の被害を被った他ならぬ全中の役割であるが、それは行われていない。

全中がなぜ中央会制度廃止の原因究明ができないのか。それにははっきりした理由があり、それはこの制度が廃止になった原因を究明することで明らかになる。

中央会制度は今回なぜ廃止されたのか。中央会制度廃止の趣旨については、政府によれば一応次のように説明されている。

①昭和22年の法制定後、農協は全国で急速に設立され、昭和24年3月時点で総合農協数1万5000を超えるに至った。しかしながら、経営基盤がぜい弱な農協が乱立し、設立後数年を経ずして経営危機に陥る農協が続出したため、組合に対する強力な経営指導によって組合の再建を図るための組織として、昭和29年の法改正により中央会制度が導入された。

②中央会発足時に1万を超えていた総合農協は、合併の進展等により平成27年には700程度に減少し、1県1農協も増加しており、個々の総合農協の経営規模や職員体制は拡大し、ほとんどの総合農協は自立した経済主体として事業展開ができる実態が備わっている状況にある。

加えて、信用事業に関しては、再編強化法に基づき農林中央金庫が信用事業を行う農協に対するに対する指導権限が付与される体系が整っているところである。

③こういった状況変化を踏まえ、2015（平成27）年改正法においては、行政代行

的に指導や監査を行う特別認可法人である中央会については、地域の農協の自由な経済活動を適切にサポートするという観点からの自律的な新たな制度（連合会や一般社団法人）に移行するとされたものである。（農協法令研究会『逐条解説農業協同組合法』大成出版社・2017年）。

ここで述べられている中央会制度廃止の理由は、農協の体制が規模拡大によって整備され、指導の必要性が薄れたというものであるが、ひるがえって、前述した中央会制度が持っていた役割・機能を考えれば、中央会制度廃止の理由を農協の規模や体制整備の状況のせいにするのは妥当ではない。協同組合運動の指令塔の役割を持つ組織の存在は、農協の規模や体制とは関係がないからである。

この点、農協が1県1農協になっても、中央会という名称を使うかどうかは別にして、従来の中央会的な役割を果たす組織・機関は必要である。

一方で、中央会制度の廃止を官邸主導のアベノミクスの一環とみる見方もある。（作山功著『農政トライアングルの崩壊と官邸主導型農政改革』農林統計協会・2021年）。こうした一般的な見方については分からないでもないが、筆者は、中央会制度の廃止には別の大きな理由があり、それは他ならぬ農協の制度依存の結果だったと考えている。

農協はもともと行政によってつくられた組織であり、独善的で依存性の高い組織であるが、今回農協は、自らが持つ制度依存という組織特性によってこの大切な制度を失ったと考えられる。

制度依存による中央会制度廃止の理由は、主に二つの面から説明できる。一つは自らの組織を地域組合と性格づけること（地域組合論に立つこと）であり、もう一つは安易な制度依存の極致ともいえる制度の悪用であった。

まず、最初の地域組合の性格付けについて考えてみる。なぜ農協が自らを地域組合と性格づけたのか、それは農協が組織本来の農業振興というよりは、信用・共済事業によって発展してきたということに理由がある。

農協が自らを地域組合と性格づけることは、農協の組織維持・経営的観点から見て誠に都合の良いことであったし、現にそのことによって農協は比類なき発展を遂げて巨大組織に成長してきた。

（注）ちなみに、地域組合（論）を支えているのは、総合農協制度と准組合員制度であり、農協は中央会制度とともに総合農協制度・准組合員制度に依存して大きく発展してきた。

制度を本来目的に沿って使うことには何の問題もなく、好ましいものであるが、安易に制度に依存することは制度そのものの存立を危うくする。この項で述べている安易な制度依存とは、①地域組合論への寄りかかりであり、②制度の政治利用である。農協にとって安易な制度依存からの脱却は、今回の農協改革から学ぶ基本命題である。

農協は自らを地域組合と性格づけ、このために中央会制度を都合よく使ってきた。言い換えれば中央会制度に安易に依存して組織の発展をはかってきたのである。

こうした農協の姿勢に対して、農水省はそうした方向とは違う農協の路線を示してきた。それは、1999年の「食料・農業・農村基本法」をもとにした2001年の農協法の改正であり、今回の2015年の農協法改正であった。

2001年の農協法改正では第1条で農協の目的は農業振興にあり、農協はその手段に過ぎないとしてそれまでの農協に対する指導姿勢を一変させた。また、第10条の農協が行う事業の第1は、いわゆる営農指導事業であることも明記した。

しかるに農協は、そうした農水省の指導方針には従わず、地域組合路線を変えることはなかった。土壇場に追い込まれた今回の農協改革でも全中は、地域組合路線に基づく自己改革を表明した（2014年11月の全中自己改革案）。

このように、自らの指導方針とは違う形で制度に依存する全中の態度に業を煮やした農水省は、今回中央会制度の廃止に踏み切ったものと考えられる。

以上が中央会制度廃止の理由の一つと考えられるのだが、それ以上に直接的な理由として考えられるのは制度依存を超えた制度の悪用であった。中央会制度はもとはと言えば、農協の経営指導を行うために国の代行機関としてつくられた組織である。

このため、中央会は、政治活動は無論のこと農政活動についても一定の制約を受ける組織であった。だが、全中はこの制度の趣旨をわきまえず、もしくは忘れて２００７年の参議院選挙でこの制度を組織の自前候補選出のための選挙活動の道具に使った。

国がつくった制度は、当たり前のことだが特定の政党・政治のために使われてはならない。ましてこの制度を組織の自前候補の選挙活動の道具に使うなど決してあってはならないことで、このことは、国が国民に対してこの制度の説明を行う根拠さえ奪うものであった。

かくして、中央会制度を創設した農水省の面目は丸潰しにされ、国によってつくられた中央会制度は国によって葬られたのである。

（注）後に「第5章　農協改革の総括・教訓　第1節　自主・自立の農協運動」で述べるように、全中が中央会制度を悪用した選挙を通じて自民党との深い関係をつくらなければ、あるいは全中がもう少し自民党との間に距離をおいていれば、中央会制度の廃止にまでは至らなかったのでないかというのが筆者の見解である。

以上、中央会制度が廃止された理由について述べたが、このことは何も筆者の偏見ではなく、農協関係者の多くが言われてみればその通りと納得できることだろう

4. 制度の評価

中央会制度が農協にとって必要な組織だったのか、それとも、もはや不要の組織だったのか。このことを考えることも、農協組織の将来にとって重要な問題である。だが、このことについても論評を加える者がほとんどいない。

この点について、農協改革の論評として増田佳昭編著『制度環境の変化と農協の未来像』昭和堂（2019年）があり、このなかでわずかに中央会制度廃止についての石田正昭三重大学名誉教授による論評「中央会制度の改変と新たな展望」がある。

このなかで石田教授は、中央会制度の廃止にともない中央会の機能が指導から調整に代わったことで、これは「中央会は行政の代役を演じる必要がなくなったことを表しており、個人（市民）が草の根レベルから組織する協同組合の立場からすれば望ましい方向に修正されたといってよいだろう」。

また、「政府が主導する〈60年ぶりの農協改革〉は的外れな改革という意味で評価できないが、一点だけ評価するとすれば、それは中央会から特別民間法人たる資格を外したことである。産業組合法の成立以来、日本の協同組合法制は政府関与の度合いが強く、

途上国型の性格を滲ませていたが、今回その一角が崩れたことで協同組合性を高めることになった。先進国型に一歩近づいたといってよい」とも述べている。

要するに、中央会制度の廃止は誠に結構な措置で、好ましい結果と述べられているが、この論評を筆者は全く理解ができない。この論評の趣旨からすれば制度によってつくられたものはすべて否定される。

中央会制度の廃止が農協にとって意義あることなのか、そのように理解すれば山田議員は農協運動にとっての大変な功労者ということになる。ただし、その場合、山田議員は中央会制度廃止・中央会監査廃止を公約に掲げて選挙に出るべきであった。

中央会制度の選挙への悪用について、早くその非を求めて農協運動の転換を図ることこそが問題なのであり、中央会制度の廃止は意義あるものだったというような、表層的な論評は農協運動を混乱に導くもので厳に慎むべきであろう。

（注）石田教授の見解のなかに、他の地域組合論者の多くの人達と同様に、農業振興は国の責任であり、協同組合はその手段にされるべきでないとの認識が少しでもあれば、筆者の考えはそれとは異なる。

『農業協同組合制度史』を読めば、この制度が協同組合という組織の力を借りて、農業振興を行うという行政の強い意志と責任に満ちており、ある種ロマンさえ感じさせる内容として創設されたことが分かる。

制度の評価は、その中身でなされるべきであり、中央会制度は農協の経営指導だけでなく広く協同組合運動・農協運動の司令塔の役割を果たすものとして完璧な内容を持っていたというべきであろう。本章の第1節を読めば、その内容に感嘆するほかはない。

中央会制度の廃止は、全中が自身の組織の存在価値を自覚できなかったこと、ないし忘れたことで起きた農協にとっての悲劇であったが、それは協同組合の司令塔として、また農業振興のための総合農協制度や准組合員制度を守っていくために農協にとって必要不可欠なものだったと評価してよい。

すでに述べたように、経営指導は単に一般的な意味ではなく、協同組合経営の指導ということを含意していると考えれば、その意味は限りなく大きい。協同組合の存在は、その思想性（利他の愛）にあることと合わせ、協同組合的経営によって意味あるものとなるからだ。

また、中央会監査は、農協が協同組合的経営を行っているかどうかの判定を行うものとしての性格を持っていた。中央会制度は、そうした農協が果たす役割を全農協に及ぼし、しかもその必要経費さえ保証するものであった。

こうしたかけがえのない制度を、農協は今回の農協改革で失った。二度と政府がこのような制度をつくることはない。困難であってもこれに代わる組織は、自らでつくっていかなければならない。

〈コラム〉 **農協政策の転換**

中央会制度廃止の理由については、農水省も奥原正明氏（元農水省事務次官）も中央制度は戦後の農協経営の危機に対応するためであり、今日ではその役割は終わったと説明しているが、それは大きく国の農協政策の転換と見ておいた方がよいだろう。

戦後、ＧＨＱによってつくられた農協法は、農業振興に対して協同組合の役割を明確に与えていた。否むしろ協同組合の力で農業振興を図ろうとしていた。改正（２０２１年）前の農協法第１条では協同組織（農協）の力で農業振興を行うことが明確にされていたし、整促７原則で農業振興のために協同組合たる農協に特別に強力な運営規範を与えた。

同様に中央会制度も協同組合（農協）の力で農業振興を行うという意思が明確であった。ところが、その後の農業生産主体の脆弱化で、国は協同組合の力で農業振興を行うことは難しいと判断したのだろう。その結果、農協法改正で農協は農業振興の一つの手段とされ、整促７原則も独禁法違反の対象となり、その一環として中央会制度も廃止されたのである。

もちろん農業生産主体の脆弱化は農協だけの責任だけではないが、農協は本来の協同組合の力で農業振興に活路を見出す岐路に立たされているというべきである。

5. 整促7原則

これまでの農協経営は、協同組合の経営学的視点から検証されて来たわけではなく、専ら制度によって守られてきた。主に中央会制度によって農協の経営指導が保証され、そのことで農協経営は守られてきた。そして、中央会の経営指導を完璧な形でフォローしたのが、いわゆる「整促（整備促進）7原則」であった。

整促7原則とは、第2次大戦後の農協連合会（経済連）の赤字解消対策として考えられた、農協における①予約注文、②無条件委託、③全利用、④計画取引、⑤共同計算、⑥実費主義、⑦現金決済などの事業方式のことを言う。

中央会の任務は不振経営対策としての農協の経営指導であり、その経営改善の具体的方策として「整促7原則」が提唱・推進されたのである。

農協に対する経営指導の必要性から生まれた中央会制度の創設と「整促7原則」はまさしく一体のものであり、この原則は中央会の経営指導の中心に置かれて徹底された。後にこの事業方式は、経済事業にとどまらず、系統農協を通ずる事業方式として普遍化され、戦後農協事業拡大の大きな力になっていく。

経済事業以外では、共済事業における割り当て推進などがその典型であり、この事業方式は、経営学的観点からみても最強の事業推進方法と言われる。

（注）連合会の再建整備にかかる「農林漁業団体連合会整備進法」の成立とそれに伴う「農林漁業組合連合会整備促進法の施行について」〈昭和28年９月16日農林事務次官通達〉では、個々の連合会の整備計画について、「農林漁業組合連合会整備促進審議会」において決定すると通達された。

この通達を踏まえて、全指連、全販連、全購連、全国組合金融協会、農林中央金庫、農水省から出ている審議専門委員と各関係機関役職員が討議して「農林漁業組合連合会整備計画の審議方針」（昭和28年９月28日）が策定された。その趣旨の解説としてまとめられた「事業連整備促進における組合の役割」（昭和29年３月１日）のなかで無条件委託（販売）、系統全利用、計画購買など後に整促７原則と呼ばれる事業方式が議論されている。

その後、この審議方針に基づいて、「購買事業体制の確立～購買事業の計画化」（昭和28年12月18日）および「販売事業体制の確立～販売事業の計画化」（昭和29年３月20日）などが決められ、整備促進が進められていく。

以上の経過を見れば、「整促７原則」は実質的に農林事務次官通達と言っていいものである。（『農業協同組合制度史　第５巻〈資料編Ⅱ〉』財団法人協同組合経営研究所・１９６９年）。

整促７原則は目的が連合会の赤字解消対策として打ち出されてきただけに誠に分かりやすいもので、一言でいえば、連合会は農協や組合員のためのものであり、一切の経営責任を負わないというものであった。

農協や組合員は系統を全利用せよ、農産物の販売は無条件でこれを農協に委託し、価格は市場の建値に任せよ、必要な購買品は予約せよ、代金はすべて現金決済にせよ、販売代金はある一定期間の共同計算にせよ、連合会はかかった実費だけを頂く、といった具合である。

こうした経営について一切のリスクを負わない整促事業方式は、当初は連合会（経済連の）赤字解消のためのものであったが、その後単位農協にも、また経済事業に限らずすべての農協事業にも適用されることになった。

これは一方で、農協は組合員によって運営されているのだから、経営責任はない、もしくはとらなくても良いといったような経営感覚を生みだすことになり、放漫経営の素地ともなっていった。

この事業方式は、当時の中央会監査の監査基準としても活用され、とくに「系統利用率の向上」はお決まりの監査意見となり、「協同組合原則」などよりは、よほど強い影響力を農協の運営に及ぼすこととなった。今でもその内容は、農協関係者の心のなかに深く刻まれている。

農協法第1条の改正（2001年）以来行政によって進められた農協改革において、農水省が「経済事業のあり方についての検討方向について（2005年）」で、真っ先に手掛けたのが整促７原則の否定であったことにははっきりした理由があり、この原則（農協・連合会の組織維持優先・リスク排除の運営原則）のもとでは農業振興は無理だと判断したからに他ならない。

この報告書では、①リスク意識のない経営感覚の蔓延、②高コストでも系統から漫然と購入、③同じ経済事業でも全農は黒字で農協は赤字、④担い手の農協離れなどが厳しく糾弾された。

いずれにしても、戦後の農協経営は、行政による中央会制度とそれに続く整促７原則によって推進されたのであり、そこには、本来農協運営に必要とされる、協同組合経営の実践・検証と言った作業が入り込む余地は少なかった。

政府は中央集権型の制度依存による事業・経営運営について、これでは農業振興に繋がらないという判断のもとに、今回の農協法改正（２０１５年）を通じて中央会制度を廃止したが、それは同時に整促７原則による農協運営を否定するものであった。

一方、コラム欄でも述べているように、この原則は組合員の自主的意思として農協運営に活用されれば、今でも意義あるものと思える。①系統利用、②予約注文、③現金決済（安易な掛け売りはしない）などは、農協経営の基本として今後も活用されるべきである。

〈コラム〉「整促7原則」の意味

「整促7原則」の評価については、農協内での評価は高いが、一方でこれを批判する意見もある。「整促7原則」は直接的には都道府県経済連の再建整備のために考えられた事業方式であるが、内容をよく読めばそれは協同組合原則を下敷きにしているようにも思える。

系統全利用や予約注文などは、組合員の協同の力を鼓舞・活用するものだし、現金決済などは、かつての協同組合原則の内容そのものである。この点で、当時の農林省は農業振興のための農協を、まさしく協同組合として活用しようとしてきたことがよく分かる。今にして思えば「整促7原則」は、農協版協同組合原則による事業方式ともいえるものだったのである。

一方、「整促7原則」は経済連の再建整備のために考えられた事業方式なので、組合員に事業利用を強制する半面で、農協の経営責任を疎かにするものだという批判を生ずることにもなった。

今回の農協改革で農水省は、この原則こそが農協の営農・経済事業の経営的自立を阻害するものとして徹底的に糾弾したし、他業態からは独占禁止法違反として度々問題にされている。

一方で農協組織内にも「整促7原則」は、農協組織や組合員に対する強制的な行動規範の押し付けであり、それは自主的な協同組合運動に反するという意見があるが、独占禁止法違反の例外規定への対応に見られるように、この原則も構成員がそれを自主的に使うか、他からの強制と見るかで評価が分かれる。農協としては、「整促7原則」を、組合員が行う自主的な協同活動の規範として見直してみる必要があろう。

（注）以上の第1節、第2節については、拙著『覚醒　シン・JA』全国共同出版（2022年）を引用・参照。

第3節　今後の中央会活動

1．現状と課題

２０２４年10月に第30回のＪＡ全国大会が開催され、向こう３年間の運動方向が決まった。内容は５つの戦略（①農業振興、②地域振興、③組織強化、④経営強化、⑤広報対策）の実践が謳われており、統一スローガンは「組合員・地域とともに食と農を支える協同の力～協同活動と総合事業の好循環」である。内容は本冊と別冊からなり、様々なことが盛り込まれている。

しかし、大会議案を通じて、われわれは一体何を目標にしていけばいいのか、それはこれまでの運動路線とどこが違うのか明らかにされているとは言えない。総じて内容は、これまでの運動路線の継続と考えていいだろう。

問題の核心は、大会スローガンでいう「協同活動と総合事業の好循環」で何を成し遂げようとするのかであるが、大会議案による農協の目的は従前どおり農業振興と地域振興の二つであり、これでは従来の地域組合路線と何ら変わらない。

従来路線を続けることは組織内では心地の良いことかもしれないが、それは今後の農協の発展に寄与することには繋がらない。これまで全中は、「自己改革」の名のもとに農協法改正（２０１５年）で否定された地域組合路線を踏襲して運動を進めてきたが、中央会制度の廃止について総括・反省を行わないツケは、今回の大会議案にもいかんなく表れていると言ってよい。

歴史的な中央会制度の廃止について総括・反省しないのは全中の勝手だが、その手続きをとらない限り、課題は積み上がり早晩その矛盾は爆発する。本書で何度も指摘しているのだが、中央会制度の廃止という代償を払い、2015年の農協法改正で否定された地域組合路線を今もとっているという自覚がそもそも全中にあるのか、またその危うさを学者研究者の誰もが指摘しないという現状をどう考えればいいのか、誰かに教えて頂きたいものである。

〈コラム〉中央会の経営指導

農協において、経営という言葉が使われることについて無頓着な人が多い。否、誤解している人が多いのではないか。協同組合において、経営という言葉は特別な意味を持つ。それは、大きく二つの意味を持っている。一つは一般的な意味における経営で、農協が健全経営を行う、破綻しないよう経営を行うというような場合の経営である。そしてもう一つは、協同組合らしい経営を行うという意味での経営である。

後者の意味での経営を理解することは、協同組合を知るうえで決定的に重要だ。ICA（国際協同組合同盟）が定める協同組合原則のもとになっているのは、ロッチデール原則であるが、この原則はロッチデール組合という生活店舗の運営方法が普遍化されてできたものである。

したがって、ロッチデール原則を基にする協同組合原則は、協同組合という組織の運営方法、言い換えれば協同組合の運営方法・経営のやり方を定めたものである。このように考えると、協同組合で経営という言葉を使う場合、それは本質的には協同組合らしい運営（経営）を意味するということになる。

あらゆる組織は、①理念、②特質、③運営方法によって運営されるが、協同組合の場合は、協同組合原則という運営方法によって運営（経営）が行われるのが特徴である。すでに述べたように、廃止された中央会制度では、事業の柱に①経営指導、②教育、③広報が位置づけられており、ここで言う経営指導は、協同組合らしい経営を指導するという意味を含んでいると考えれば、一般社団法人になった全中でも経営指導は事業の第一の柱に考えられなければならない。

農協は合併して経営が高度になり、もはや指導などというおこがましい言葉は適当ではない、相談にすべきというのはこうした協同組合経営という言葉の本質をわきまえないことからくる誤った考えであり、それは、農協の数が少なくなったから、もはや中央会制度は不要という考え方にも通ずる。

このように経営を協同組合的経営と考えれば、指導と相談はもともと別次元の言葉である。上から目線で指導というのはいかがなものかということについては分からないでもないが、協同組合的経営を共有し、他に広めることを経営指導と考えれば、それは中央会にとっての本質的な使命であり、一般社団法人になった全中でも経営指導は事業の第一の柱にされるべきであり、経営相談はあくまでそのことに付随する業務と考える必要がある。

（注）経営指導という言葉が時代に合わないとすれば、「協同組合経営規範の共有と実践」などの文言が考えられてよい。

付言すれば、農協組織内における協同組合の運営方法が適正に行われているかどうかを判断するのが、かっての中央会監査の役割であった。中央会監査が会計士監査に代わっても、全中は会計士監査とは監査目的の違う協同組合（農協）の監査基準を今後継続的に検討し、内部監査や会計士監査に活用していくことが重要である。

一般社団法人となった全中は、農協法の附則で代表機能と総合調整機能が付与されたと言っても、問題はその内容である。ここで言う代表機能と総合調整機能とは、農協の既得権益を守るためのものであり、協同組合運動の司令塔の役割を果たすための代表機能と総合調整機能が強く意識されているとは思えない。

協同活動の推進、農協の合併や組織整備などこれまでの農協の課題解決は、農協の自主的な力によるものというよりは、中央会制度と言う行政の力添えがあってはじめて可能であった。

今では伝説となった、宮脇朝男元ＪＡ全中会長の米価運動におけるリーダーシップの発揮さえも、食管制度と中央会制度という制度のなかにあって初めて可能だったと言えるのである。

中央会制度と言う政府の後ろ盾を失った全中は、今後協同組合運動の司令塔の役割を果たすことは困難であり、まして中央会制度廃止の総括ができない今の全中にそれを求めるのは無理である。従来路線（既得権益）の継続として取り組まれた自己改革が、何よりもそのことを雄弁に物語っている。

それでも将来を見据えて、廃止された中央会制度のなかで謳われていた①経営指導、②教育、③広報の事業の３本柱を、一般社団法人になった全中でも引き続き堅持していくことは重要である。

このうちとりわけ重要なのは、①の経営指導である。「前節2．の事業内容の変質」で述べたように、ここで規定されていた経営指導の意味が、協同組合経営の指導ということを含意していると考えれば、その持つ意味は決定的に重要である。

今後中央会が果たすべきは農業協同組合運動の司令塔としての役割であるが、それには農協組織内における協同組合の運営方法（ＩＣＡ・国際協同組合同盟による「協同組合の7原則」を農協運営に具体化したもの）が共有・啓発されねばならず、それらは全て経営指導の範疇に入る。

一般社団法人になった全中の定款では、経営指導ではなく経営相談となっているが、これは早急な是正が必要である。もともとこの「経営相談」という文言は、中央会監査の廃止通告を受けた全中がつくった「自己改革案（２０１4年11月）」に盛り込まれたもので、中央会制度だけは何としても存続させて欲しい、政府が言うように今後は経営指導などという高飛車な態度は取りません、どうかご勘弁をと政府に懇願した事情から使われたものである。

いまや全中は、こうした懇願を無慈悲にも一刀両断で切り捨てた政府に何も遠慮することはない。堂々と事業の柱に経営指導を入れて、自らが協同組合運動の司令塔の役割を果たす組織であることを内外に宣言すべきである。

中央会制度の評価のところで述べたように、中央会は今後とも協同組合運動の司令塔として、また農業振興のための総合農協制度、准組合員制度の活用という基本命題に対する機能発揮のため農協にとって必要不可欠な存在である。

これまで農協運動の司令塔の役割を果たしてきた中央会制度を、この制度への依存・悪用によって自ら壊してしまった農協陣営は、今後自分たちの力でその内実を備えた組織を新たにつくっていかなければならない。

〈コラム〉奥原氏による中央会の評価

中央会の評価について、農協改革を主導した奥原正明氏（元農水省事務次官）は前掲の『農政改革』の著書の中で次のように述べている。「農協の指導・監査を行う機能を持つ農協中央会制度の仕組みが60年間続けば、全中を頂点とするピラミッド型組織としての意識や、中央会の指導に従っていればよいという風潮が生まれ、農協の組合長に経営者意識がなくなるのも不思議ではない。

連合会にも、本来なら自分の事業領域であっても、面倒なことは中央会に任せておけばよいという意識が生まれてくる。例えば、農産物の販売は全農の担当領域であるが、米などの需給・価格に関する問題を全中に任せるようになる。こうした傾向は、各連合会が全中に多額の賦課金を出していることも関係している。

そして、農協組織全体に問題が生じたら自分たちの経済活動で解決するのでなく、中央会の政策要請・政治力で解決すればよいとする風潮が定着する。その結果、それぞれの経営主体が本来自分の責任で行うべき経済活動を真剣に行わず、誰が経営責任を負っているかも不明確になってくる。

一方で、1954年当時1万を超えていた単位農協数が今や700を下回り、一つの単位農協のエリアが市町村より大きくなっていることを考えれば、現在は、中央会の指導・監査を受けなければ経営できないという状況ではない」。

ここで述べられている奥原氏の中央会に対する評価は、農協指導に当たる行政官の認識が率直に述べられたものであり、農協は中央会制度のお陰で、特徴として制度依存組織と性格づけられるのはその通りと思う。

だが一方で、過去の中央会は前述のように経営指導、教育、広報が主要事業に位置付けられており、また行政が協同組合の力を借りて農業振興を行う姿勢を鮮明にしていたため、協同組合運動の司令塔の役割を有していた。

実際、それまでの様々な農協改革について全中・中央会が農協運動の先頭に立てたのも、中央会制度の裏付けがあったからであり、これから農協は制度の助けを借りない自主的な力で改革を進めなければならず、そのためには今の何十倍もの努力が求められる。

それは、協同組合の力で行うことになるが、その力は単に農協組織の維持のため、既得権益擁護のためだけに活用されてはならず、あくまで組合員のため、また広く経済・社会改革を目指したものでなければならない。これからは単なる制度依存ではなく、農業振興のため総合農協制度と准組合員制度をさらに進化発展させて行くことが重要である。

奥原氏の中央会に対する評価については、協同組合の意義が全く述べられず、無視もしくは否定されているかのようであるが、農協としてそれは協同組合の力が農業振興という本来目的のために使われず、もっぱら農協の組織維持のための方便に使われている失望からくるものと受け止めるべきであろう。

農協は、協同活動の力で経済事業の収支均衡、信用・共済事業収益依存からの脱却、農業生産主体（担い手）の育成について、本気で早急に成果を出していくことが求められている。

2. 桎梏（しっこく）

一般社団法人になった全中が協同組合運動の司令塔の役割を果たすうえで、その困難の最たるものは、それまで持っていた組織の体制が、組織が本来果たすべき機能発揮の桎梏（足かせ手かせ）になるということである。それは、それまでに持っていた組織の権限が奪われた半面で、体制がそのまま残された場合に起こる組織共通の現象である。

今回のケースに置きかえて見れば、今までの中央会制度の廃止によって、これまでの中央会の体制（都道府県中央会プロパー職員１７０２人、賦課金２４７・６億円、全中プロパー職員１００人、会費46・７億円）〈令和６年度予算・全中調べ〉が、中央会が本来果たすべき機能発揮の桎梏になるということである。

この桎梏は、それまで組織が持っていた権限や体制が大きく強固なほど、その組織に巨大な力として襲い掛かってくる。とくに全中の場合、持っていた権限や体制が大きく強固だっただけに、桎梏の力は限りなく大きい。

（注）この点、今回の制度廃止で全中は制度・事業上のすべての権限を失ったのだから、残余財産の継承問題が解決できれば、一旦組織を解散し、新たな指導組織として結成し直した方が良かったのであろう。

筆者は第30回ＪＡ全国大会議案において、将来の改革に向かって一定の方向性を打ち出すことは引き続き困難であろうと推測していたが、結果は想定通りのものとなった。もちろん、農協法改正後の農協大会もそうであった。これは筆者だけでなく、大方の見方でもあろう。

一般社団法人となった全中の定款では、以前と変わらず総合審議会や教育審議会の設置などが謳われているが、こうした審議会で革新的な方策を議論することは難しく、総合審議会などは開催することすら困難だろう。

考えてみればそれは当然のことで、旧体制で保障された会費・賦課金の下ではその削減について恐怖心が働き、少しでも異論がある意見を取り入れることは身が縮む思いで到底できることではない。かつて全中に籍を置き、毎年担当役員として全国連との賦課金交渉にあたった経験がある筆者には、そのことが痛いように良くわかる。

当時の交渉当事者としては、制度による政府の後ろ盾（賦課金徴収権を含む）や中央会監査という実績があって初めて、かろうじてプライドをもってことにあたることができた。制度廃止ですべてを失った今の全中にどれだけの会費徴収の交渉力があるのか、察して余りがある。

こうした桎梏は全中の代表・調整機能にも影響を及ぼす。筆者が属する研究会活動のなかで、農協や全国連に改革について要請する機会があるが、決まって返ってくる答えは、それは全中が言っていないことだから、あるいはそれは全中がやることだからと言って取り合ってはもらえないことが多い。

要するに、改革に取り組まない理由を全中のせいにされているのであり、それは一方で全中に収める会費の見返りとも考えられている。改正農協法の附則で一般社団法人たる全中に代表・総合調整機能が与えられたといっても、ことはそう簡単ではなく、この機能は組織にとって良い方向だけには働かない。筆者はそれを負の代表・総合調整機能と言っている。

全中が果たす代表機能は農協組織の最大公約数ともいわれる場合が多いが、今後は「ドベネックの桶」の理論よろしく組織の最も保守的な水準でしか機能を果たせなくなるだろう。

組織の最も保守的な議論の水準とは、別な言葉でいえば既得権益擁護の水準のことを意味しており、このことから全中の将来を予測すれば、それはひたすら農協組織の既得権益（予算獲得や組織維持）を守ることに徹する要請団体になることがほぼ確実であり、それは農政運動として位置づけられるもので、中央会が本来果たすべき農協運動の司令塔の姿とは大きく異なる。

他の箇所でも触れたが、今回の食料・農業・農村基本法改正に対する全中の対応などを見れば、事態はすでにそうなっている。こうしたことを続けていけば、現在の会費も、将来的には要請団体にふさわしい水準に落ち着いていくことになろう。

会費については、今の全中の定款では「会費の賦課」となっている。会費は普通には徴収と呼ぶもので、この表現は全中の会費徴収の困難性を見越したものと考えられる。だが、賦課金は必ずしも対価性を求められないもの、会費は何らかの対価性を持つものという違いがあることに変わりはない。ここでも、中央会制度で賦課金徴収権が与えられていた意味は大きかった。

（注）「ドベネックの桶」理論は、ドイツの化学者リービッヒが唱えた最小律のことで、植物の生長速度や収量は、必要とされる栄養素のうち、与えられた量のもっとも少ないものにのみ影響されることをいう。

３．目指すべき方向

現在の状況から考えられる全中の将来の姿がそのようなものであると想定されても、それでいいというものではない。農協の健全な発展によって農業振興をはかるために中央会制度がつくられたのであり、中央会制度がそのようなものであったとすれば、農協の規模等にかかわらず今後ともどこかでその機能が果たさなければならず、それはこれまでの経緯から引き続き、一般社団法人たる現在のＪＡ全中が最も適切な中核組織であることに変わりはない。

だが、そうした方向付けは今の中央会活動の延長線上からは自然に生まれてはこないのだろう。そこで考えられるのが現在の全中、新聞連（日本農業新聞）、家の光協会を統合した新たな「ＪＡ全国教育広報センター（仮称）」の創設である。

これまで、新聞連や家の光協会の事業推進母体は中央会であり、これらの組織を統合した新組織の組成により、これまで中央会制度が果たしてきた機能を引き続き果たしていくことが重要であると考えられる。農協が総合農協として存在する限り、単体の事業組織である全農や全共連、農林中金で農協運動の司令塔の役割を果たすことは困難である。「ＪＡ全国教育広報センター」においては、①農協における協同組合ビジネスモデル（運営方法・事業方式）の共有・モデル化および農協運動の方向の提示、②その教育、③内外への広報活動が一体となって行われることにより、農協の健全な発展をはかり、そのことで広く組合員の負託に応える必要があると思える。

（注）「ＪＡ全国教育広報センター」構想では、中央会は協同組合ビジネスモデル（運営方法・事業方式）の共有・モデル化、農協の運動方向の提示、家の光・新聞連は情報誌（紙）の発行などの役割分担の下、全国センターがそれをホールドする組織を想定している。

今回の農協改革は、行政による農協の組織再編の一環としてとらえることが重要であり、農協陣営はこれに自らの組織改革の形で答えを用意しなければならない。中央会制度廃止に伴う「ＪＡ全国教育広報センター」設置のような農協サイドの組織改革は早ければ早いほど有効であり、とくに中央会や家の光協会はその力が残っているうちに早急にその対策に着手するのが肝要だろう。

逆にまた、旧体制の力が残っていればいるだけ組織の改革は難しいのも事実であり、その実現にはとくに組織代表の強力なリーダーシップの発揮が必要である。また、このような組織は果たして一般社団法人のままでいいのか、ＪＡグループの連合組織（全国指導連）として再編すべきなのか並行した議論が必要である。

全国の農協運動の先頭に立つべき全中が、農水省の監督指針の通知先にさえなっていない一般社団法人のままでいいとは到底思えない（残余財産の引継ぎ問題等があれば、それこそそれは政治の出番ではないのか）。

農協陣営には、中央会のそのような将来構想を想定しつつ、当面は農協や連合組織が自らの判断に基づいた改革に取り組み、また、全中機能の補完を果たすための様々な自主的な研究組織の活動が重要になってくる。

全中が本来機能を発揮できるのに不十分な組織になったとすれば、財界において経団連に対して経済同友会が存在するように、農協においても全中のほかに第2の指導組織の組成が考えられてもよいのではないか。

おりしも、2025年2月には全中のシステム（単位農協の管理業務システム・通称新コンパスJA）の開発・運用に失敗による200億円前後に上る巨額損失が表面化した。これに伴い全中は2025年度について約36億円の赤字予算を組むという（2025年2月7日付け日本農業新聞）。

その後、3月7日に全中総会が開催されたが、この総会で全中は同年8月の総会までに改めて中期計画を示すことになった。このことは、これまでの延長戦のもとでの中期計画ではなく、全中の将来構想にまで踏み込んだ検討が必要になっていることを意味している。

果たして農協は自力更生ができるのであろうか。農協はこれまでの自らの不始末を正す自浄作用を持つことができるかどうか、今その真価が問われている。

農協は協同組合として、すでに大きな社会的・経済的存在である。会社組織や政府組織がそうであるように透明な組織運営が求められる。全中総会の内容については箝口令が敷かれて一般の人には伺い知れないが、長い目で見ればこうした行為は組織に甚大な損害をもたらすことになろう。

〈コラム〉要請活動

筆者が事務局を務める新世紀ＪＡ研究会（農協の有志でつくる自主研究組織・現在56会員）の活動についていえば、この研究会をつくった萬代宣雄名誉代表（元ＪＡいずも代表理事組合長・ＪＡしまね初代代表理事組合長）は、当初（２００６年）から研究会の活動の柱に国会議員、農水省・農協全国連など各方面への要請活動を位置づけていた。

これに対して、全中や一部の農協などから研究会が行う要請活動は全中に一本化して行うべきであるという批判（これを萬代代表は、「いじめ」と言っている）が出され、筆者も全中に在籍していた経験からそれはもっともな意見と勘違いしていた。

だが、多くの場合、要請活動は既得権益擁護の活動だけではなく、もう一面では、政策提言の性格を持つ活動でもあることを考えれば、今のような農協が置かれた状況を考えると、それは極めて重要な研究会の任務であることに気づかされた。

今さらながら、萬代代表の農協の要請活動・組織活動に対する慧眼に、恥じ入るほかはない。新世紀ＪＡ研究会は要請活動の結果、ＪＡバンク支援基金・貯金保険機構の掛け金の削減・凍結（その額は年間で軽く１５０億円を超え、10年間で農協に対して１０００億円を超える経費節減効果をもたらしている）、また農協の直接農業経営、エサ米政策の推進などに大きな成果を上げている。だが、このことを多くの農協関係者は知らない。

貯金保険機構の掛け金の凍結（２０１９年4月以降・半分の凍結・約60億円）が実現したことについて、要請活動のさなか、全中の意向を受けて要請活動は全中に一本化すべきと新世紀ＪＡ研に苦言を呈していた野村哲郎参議院議員は、後になってこれも萬代さんはじめ新世紀ＪＡ研のお陰と感謝の意を表した。政治とはそういうものだ。

ちなみに、萬代氏はこのことについて、単に要請活動だけを行ったのではない。同時に、自ら自民党最大の「地域の農林水産振興促進議員連盟」（会長　竹下亘氏）を結成し、この運動の推進・協力母体をつくっている。

この運動の成果である貯金保険機構の掛け金の凍結は、会計監査人監査の移行に伴う費用充当にあてると自民党・公明党によってチャッカリと大義名分化（横取り）され、当初この活動を全面否定していた全中は、そのことを２０１９年夏の参議院選挙に向けた山田議員の功績によるものとして全国専務・常務・参事会議等を通じて全国に徹底した。

（注）２０１９年の掛け金半分凍結の際、貯金保険機構における検討委員会報告書（同年３月18日）で積立金の目標が５０００億円（24年３月末４７８５億円）とされ、これに基づいて22年４月には掛け金料率が０・００８％から０・００６％に引き下げられ、25年４月からはさらに０・００６％から０・００４％（金額にして23億円程度）に引き下げられることになった（金額は漁協を含めたものであるが、そのウエイトは極めて少ない）。

これらＪＡバンク支援基金・貯金保険機構の掛け金の削減・凍結は一重に新世紀ＪＡ研究会での萬代宣雄氏の力によるもので、本人はいたって謙虚であるが、農協にとってまさしく同氏の銅像を建てていいぐらいの功績である。

この驚くべき萬代氏の行動力の原点は、ＪＡいずもの組合長時代（今からおよそ20年も以前）に何気なく目に留まった年間６０００万円におよぶ支出（ＪＡバンク支援基金、貯金保険機構の掛け金）の稟議書だった。

この点について、それまで何の疑いもなく支払われていた経費支出の気づきが、今回の結果をもたらした。萬代氏は、すべからく農協の経営者は原価意識を持てと警鐘を鳴らす。（萬代宣雄・福間莞爾共著『ＪＡ突破力の男―貯保を動かす』新世紀ＪＡ研究会（２０２１年）。

また研究会では、環境変化に対応した新たな農協運動の展開にも重要な提言を行っている。農協は、この研究会を改革のためのプラットホームとして積極的に使うべきであろう。

今こそ農協のトップは、萬代代表のような組織運動に対する鋭い感覚をすべからく持つべきではないのか。環境変化に対応しない「リスク回避」、「赤信号みんなで渡れば怖くない」の精神では、組織や組合員の負託には応えられない。

第4章　准組合員制度

要点

准組合員制度は、中央会制度とともにこれまで農協組織を支えてきた制度の一つであった。農協組織はこの准組合員制度のお陰で、組織として大きな発展を遂げてきたといっても過言ではなかったが、今回の農協改革で政府によってはじめてその存在が問題視された。

准組合員問題とならぶ農協からの信用事業の分離問題（農協の総合事業の否定）はこれまで度々問題にされてきたが農協グループはその都度これを阻止してきた。

改正農協法施行後5年間の見直し期間を経て、この問題は「准組合員の意思反映」という形で一応の決着を見たが、これでこの問題が解決したというわけではなく、それはむしろ問題の出発点と考えてよい。

「准組合員問題はこれからの農協活動の主要問題ではない」、「今回の決着で問題は解決した」、もしくは「解決したと思いたい」人が農協内に意外と多いのは憂慮すべきことである。これまでの取り組みの継続・延長線上で再びこの問題が再燃すれば、今回と同じく農協は打つ手なしの状況に陥るだろう。

また、半面で准組合員問題を考えるということは、優れて今後の農協の経営理念、言い換えれば農協組織存在の根本問題を考えるということに他ならず、農協関係者は面倒だからと言ってこの問題から逃げるわけにはいかない。

第2章農協改革の経過で述べたように、准組合員制度改変の阻止と引き換えに農協にとってかけがえのなかった中央会制度の廃止を受け入れたという事情を顧みれば、今も農協陣営は理論的にも実践的にも有効な准組合員対策を持ち合わせてはいないことをしっかりと認識すべきであり、矛盾の多かった准組合員問題に答えを出すことこそが、今回の農協改革の主題でもある。

農協からの信用事業分離問題については、信用事業の収益を営農・経済事業の赤字補塡に使っているため農業振興について兼営の重要性が数字として把握され分かりやすいが、准組合員についてはその重要性が極めて分かりにくい。

この対策の決め手は、農協がいかに本気で組織本来の役割である農業振興に取り組んでいるのかを地域や国民の皆さんに分かってもらうことである。

第1節　問題の所在

1．准組合員とは

農協法では、農協の組合員〈個人〉として正組合員と准組合員の二つを規定している。正組合員は農業者であり、准組合員は農業者ではなくても農協の地区内に住所を有する個人で、その農協の施設を利用とすることを相当とする者とされている（この規定は2001〈平成13〉年の法改正で地区内に住所を有さないものも対象となった）。

正組合員には共益権〈農協の運営権〉と自益権〈農協の事業利用権〉が与えられている

が、准組合員には自益権しか与えられていない。これは農協における非農民的勢力からの影響力排除のためとされている。

こうした准組合員制度は、いかなる経過で第2次大戦後の農協法に規定されることになったのであろうか。それは、戦後の農協が戦前の産業組合の組織を引き継いでできたものであるからであり、産業組合は産業組合法によって定められていた。

産業組合とは名前の通り、戦前のオール産業を対象としたものであり、法律上において組合員資格に特段の制限はなく、地区内に住所を有する者は誰でも産業組合の組合員になれた。現行農協法のような正組合員と准組合員の区別はなかったのである。

なお、第2次大戦時には生産指導を行う帝国農会と経済団体であった産業組合が統合されて農業会となったが、農業会においては、現在の農協の正組合員は当然会員、准組合員は任意会員と位置付けられていた。

(注) 地域組合論者の多くは、産業別に再編された戦時農業会に当然会員と任意会員が規定されていたことをもって、産業別の職能組織として戦後再出発した農協における准組合員制度の存在正当化の根拠にしている。

戦後の農協は、職能組織として再編整備され、農業協同組合法が制定されることになった。同じ協同組合法としては他に生活協同組合法、漁業協同組合法などがある。

戦後の農協法制定にあたり問題となったのが、管内における非農家の扱いであった。戦前の産業組合においては、地区内における者は誰でも組合員になることが可能で戦前の農業会の組合員を引き継いだ農協は多くの非農家組合員を抱えていた。こうした非農家の組合員を農協に引き継いで行くための措置として准組合員制度が導入されたのである。

２．双子の兄弟

ちなみに、こうした産業組合から農協への転換にあたり問題とされたのが、総合農協の仕組みである。戦前の産業組合はその事業形態として４種兼営という特徴を持っていた。４種兼営とは①生産、②販売、③購買、④信用の各種事業の兼営のことを言う。

戦後産業別に再編された農協は、本来であれば信用事業は分離されるべき性格を持っていたが、結論的には戦後復興の農業振興（とくに米生産）のためには信用事業兼営が適切との判断からか、ＧＨＱは農協に信用事業の兼営を認めた。農水省の総合農協統計表によれば、総合農協とは信用事業を兼営する農協のことを言う。

信用事業の兼営は漁協にも認められているが、わが国ではそれ以外のあらゆる業態を通じて兼営は認められていない。ちなみにコンビニなどでＡＴＭ（自動貯払機）が設置されており、農協でいう信用事業の兼営が認められているように見えるが、信用事業（金融事業）は一連の融資活動などを含み、これを兼営とは言わない。

このように、戦前の産業組合の実態を引き継いできたことに起因する農協の矛盾の解決方法として、政府は総合事業と准組合員という2大制度をつくったのであった。この意味から、農協にとって総合農協と准組合員制度は産業組合に起因する双子の兄弟として存在してきた。このうち、とくに総合農協（信用事業の兼営）の問題は、これまでことあるごとに農協からの信用事業の分離問題として提起されてきた。

半面で准組合員制度の問題については、大きな矛盾を抱えながらも表立っては問題とされず、今回の農協改革で政府によって初めてその改変問題が提起されるに至ったが、准組合員制度が抱える問題は今にはじまったことではない。

准組合員問題は、今から半世紀前の1960年代以降の高度経済成長で農村の都市化が進む過程で、農協組織内ではすでに大きな問題として認識されており、それは同時に農協の組織的性格をどのように考えるかを問う問題でもあった。

ここで登場してきたのが、農協のいわゆる地域組合論であった。地域組合論に対比されるのは職能組合論である。このことについては本書で度々触れているが、一言でいえば、地域組合論とは農協組織の共同体としての性格を強調するもので、それは一面で農協の准組合員制度の正当性を主張するものであり、同時にそれは総合農協制度の正当性を主張するものでもあった。

地域組合論の主張は、「農協は必ずしも農業振興を目的とする組織ではない」という意見に集約される。これに対して、職能組合論は、農協は専ら農業振興を目的であるとする、言わば農協組織の機能論的性格を強調するものであった。

戦後の農協組織を特徴づける総合農協の制度と准組合員制度の2大制度を今後とも農業振興に活用することは本書の主題でもあり、それには従来の地域組合論や職能組合論からの脱却が必要となっている。

3．員外利用制限の回避

また、准組合員制度は農協の員外利用制限を回避するためにも極めて都合よく使われた。農協に限らず協同組合は基本的に会員たる組合員によって運営・利用される。いわゆるメンバーシップ運営である。こうした趣旨から、協同組合には原則として員外利用は認められていない。

ところが農協では、前述のように戦前の産業組合の実態を引きついできた経緯から、農家組合員以外の組合利用を認める趣旨で員外利用が特例的に認められてきており、概ね事業ごとに2割程度の員外利用が認められている。逆に言えば、農協では2割を超える員外利用は認められていないのである。

こうした員外利用制限の壁を乗り越えるために活用されたのが、准組合員の農協事業利用である。農協においては、一口5千円から1万円程度の出資金を払えば誰でも組合員になることが可能である。組合員になれば員外利用の制限を取り払うことができる。そのような理由により、農協では主に信用・共済事業の事業利用拡大のために准組員制度を思う存分に活用してきた。こうして、農協の准組合員は逐年大きく増大して今や農協の正組合員を大きく上回る存在となったのである。

農協は言うまでもなく農業振興を目的とした組織である。にもかかわらず、農業振興とは直接関係のない信用・共済事業の拡大によって比類なき巨大組織に発展してきた。こうした事情から准組合員の問題が農協改革において浮上してきたのである。

農協はこの問題に限らず、制度依存の強い性格を持つ組織である。このため、准組合員の利用拡大に問題があると知りながらもこの制度の矛盾に目を覆い、この制度を自分にとって都合の良いように解釈して存分に利用してきた。このため、この制度の改変が俎上に載せられてなす術がなかった。

准組合員制度について、唯一まとまった反論として出されたのが、地域組合論の立場に立った『農協　准組合員制度の大義』農山漁村文化協会編（2015年）であったが、この著作集において述べられているのは、この問題の解決策ではなく、この制度の持つ正当性を主張するものばかりであった。

第２節　取り組みの判断と参議院選挙

１．組合員の経過

准組合員問題は、農協改革の最大の課題として登場してきた。政府による農協改革のはじまりは、２０１４年5月14日に公表された当時の規制改革会議の農業ワーキンググループの提言であり、そこで「准組合員の利用は正組合員の２分の１を超えてはならない」とされ、これが農協界に大きな衝撃を与えた。

当時から准組合員の問題は、後に全中が中央会制度の廃止と引き換えに死守したほどの農協界最大の課題と認識されていた。その後、農協法改正後の5年間の見直し期間を経て閣議決定された政府の「規制改革実施計画」（２０２１年6月）では、農協が自己改革案を計画し、その中で准組合員の事業利用や農協への意思反映について方針を決めて実行するとし、これを農水省が指導・監督することになった。

結論から言えば、当初規制改革会議が提案した事業利用規制について、農協は一律の規制改変はまぬがれたものの、課題はすべて持ち越しとなった。言い方を変えれば、既得権益確保の農政運動としては一定の成果をあげたように見えるものの、農協運動としては自ら改革の方向を見いだせず、改革の主導権は政府に委ねられることになったのである。

いずれにせよ、准組合員問題について、全中は２０１５年の改正農協法成立後、早速これを政治問題として取り上げ、その解決を自民党に委ねた。准組合員問題の政治的解決は、中家徹全中会長が自民党の二階俊博幹事長と地元が同じ和歌山県ということで一層顕著なものとなった。

農協法改正前の全中と政府・自民党との息詰まる攻防は、「王手飛車取り」の例えですでに述べた通りである。

２０１８年3月に開催された第28回ＪＡ全国大会「創造的自己改革の実践」では、アクティブ・メンバーシップの中で、組合員の声を聴く「組合員との対話運動（全戸訪問等）」の展開、准組合員の「食べて応援」、「作って応援」などが提案されたが、准組合員対策は従来方針のままであった。

続く２０１８年6月7日のＪＡグループ政策確立大会では、自民党の二階幹事長が「准組合員の事業利用規制やＪＡが行う信用事業の代理店化について、押し付けるつもりはない。組合員が判断すればよい。しっかりと党として約束をしておく」と述べた。

この二階発言は、２０１９年の夏に予定されている参議院選挙に向けて自民党圧勝の期待を込めたリップサービスと言えるものだった。

さらに、全中は２０１９年4月24日には、「食料・農業・地域政策確立全国大会」を東京で開いた。この大会は、この年の７月に行われる参議院選挙の自民党の選挙公約に農協の要望を盛り込ませるためのものだった。

この大会に向けて、自民党の二階幹事長はビデオメッセージを寄せ、准組合員の事業利用規制については、「組合員の判断」に基づいて検討することとし、これを参議院選挙の党の公約に盛り込む方針を明らかにした。これに先立つ、２０１８年8月24日の自民・公明両党による「農協改革推進決議」の中にも、農協組合員の判断という文言が入っていた。

こうした経緯の中で、「組合員の判断」が農協界にまかり通ることになるが、不思議なことに、この意味を当の自民党を含めて全中にも解説する者がいない。誰に聞いても、その内容は分からないのだ。

しかし、政党の選挙公約と言うものは、耳触りが良く、あとで責任逃れができるように用意されるものだということを考えれば、もともと、そのような曖昧なものと理解できる。その後、規制改革推進会議での意見を踏まえ、農水省から「准組合員の意思反映」という言葉が出てきているが、それが何を意図するものか、これも今もって定かではない。

ここでのポイントは、内容はともかく、准組合員の事業利用について一律に規制をかけないことを約束させることであり、規制さえ回避できれば、まずは大成功と言うことだろう。

ともあれ、これで農協陣営はひとまず留飲を下げ、参議院選挙に突入することになった。

参議院選挙では自民党の全国比例代表として、農協内対立候補の黒田栄継元全国農協青年組織協議会会長を退け、山田俊男候補が出馬することになった。次代を担う新しい世代に席を譲らず、自民党参院議員の70歳定年制の特例規定まで使って山田議員が三度（みたび）出馬することになったのはなぜだろうか。

それは結局のところ、全中が農協改革で残された最大の課題である准組合員問題の解決を、インナーとなった同議員（自民党）に期待した結果であろう。追い詰められた全中は比較的安全と思われる既得権擁護の候補者として現職の山田議員を選んだのであり、それが、自民党の議席確保という利害と一致したのである。

またそれは、中央会制度廃止の責任を負いたくない山田議員および自民党と全中およびその関係者の思惑が一致することによるものでもあった。

そこでは、准組合員問題を農業振興との間でどのように考えるのかといった、大局的な議論が戦わされることはなく、既得権益確保のみが焦点とされた。選挙の結果はどうであったのか。准組合員問題は必ずしも選挙の争点にはならず、農協は敗北したと言っていい内容に終わった。山田議員は前回の選挙から12万票を減らして21万７６１９票の得票にとどまり、党内順位は2位から7位に落ちたのである。

山田議員自身も、「准組規制は絶対認められないと訴えたが、伝えきれなかった（２０１９年7月24日付け日本農業新聞）」と敗北の弁を述べている。

〈コラム〉付帯決議～地域インフラ論

農協法の改正（２０１５年）に伴って衆議院農林水産委員会では、准組合員について次のような付帯決議が行われた。参議院の委員会でも同様な決議が行われている。「准組合員の利用の在り方の検討に当たっては、正組合員・准組合員の利用の実態などを適切に調査するとともに、地域のための重要なインフラとして農協が果たしている役割を十分踏まえること。農業生産法人の要件の見直し及び農協の准組合員の利用の在り方の検討については、速やかに進めること」。

ここで述べられているのはいわゆる准組合員制度に関する地域（生活）インフラ論と言われるもので、農協は地域における准組合員にとって生活するうえで、なくてはならない存在だというものである。農協改革期間中を通じて当時の中家徹ＪＡ全中会長は、ことあるごとにこの主張を述べてきた。だがこの地域インフラ論は農協の准組合員対策にとって有効とは言えずむしろ大変危険なもので、相手に制度改変の口実を与えるようなものである。

なぜなら、この主張は地域のインフラが整備されている地域においては、准組合員制度は不要という議論を呼ぶからだ。昔と違って多くの農協の地域においては、銀行や保険会社・共済組合、コンビニ、ホームセンター等が軒を連ねインフラが整備されていない地域は少ない。地域にインフラ施設がない北海道のＪＡ浜中町（ハーゲンダッツアイスクリームの原料乳生産で有名）などは、全国的に見れば例外である。

また、付帯決議では利用実態の調査を掲げているが、政府においてすでにこの調査は終わっており、准組合員にとって農協の存在が不可欠なものか、地域ごとの実態把握は済んでいるものと考えられる。

それに付帯決議というものは、野党に対してはよく頑張ったという逃げ道を用意するものであると同時に、与党にとってはこの件に配慮するというポーズをとらせるものであり、与党が付帯決議にとりあげたことは、政府与党として今後准組合員問題について何らかの規制を行う決意があると受け止めるべきであろう（一般的にいって、付帯決議とはそういう意味を持つものだという鈴木宣弘東大特任教授の見方は、正鵠を射ている）。

准組合員制度活用のためには、従来の地域組合論に代わる農業振興の視点からの准組合員対策が必要な所以である。

2. 副作用

准組合問題を専ら政治に委ねた全中の戦略は、「組合員判断」という結果をもたらしたが、半面で、大きな副作用をもたらすものでもあった。それは、自民党が何とかするからということとの引き換えに、「この問題については騒ぐな」と言う指令の徹底である。

後にも述べるが、准組合員の問題は単に農協の既得権益を守れば良いというだけの問題ではなく、環境変化に応じて農協のあり方を考えなければならない大問題でもある。だが、農協が進める自己改革は、環境変化には目を閉じて自分だけが正しいとする自己満足、既定路線の踏襲なのであり、准組合員問題もその中に包含されている。このため、全中は渡りに舟と「この問題について騒ぐな」と言う政府・自民党の指令に従った。

結果、この問題の本質の検討や対応策について農協や組合員の段階での議論は一切封殺されるという悲劇を招いた。農協関係者は、２０２１年4月以降に出される准組合員問題について、政府が出す結論を「固唾を飲んで見守る」ことになったのだが、そこには肝心の組合員の姿はなかった。

結果は上からの一律的な事業利用規制はまぬがれたものの、農協のＰＤＣＡサイクルの中で准組合員の意思反映などのかたちで取り組むことになった。これをどのように考えればいいか。准組合員問題は農協運動として取り組まれることはなく、専ら政治的な問題に置き換えられたため、その本質的な問題はすべて先送りになったのである。

准組合員対策について、一律的な規制がかけられなかったことについて、それは全中が行った自己改革運動の成果だったとみる向きもあろうが、前にも述べたようにそれは農協改革における中央会制度の廃止は、いくら何でもやり過ぎとの自民党の判断が働いたのであって、准組合員問題についてこれ以上手を付けない方が妥当ということであったと見るべきである。

ふり返ってみれば、農協陣営（ＪＡ全中）にとって上からの一律的な規制さえ回避できればそれでよく、面倒な議論などはどうでもよかったと受け取れる結果に終わったのである。

そしてここが肝心な点であるが、全中がこれまで進めてきた既得権益擁護のための准組合員対策では、この問題の根本的な解決には繋がらず、それどころか自ら墓穴を掘る結果を招くことになることを、農協関係者は深く認識すべきである。

〈コラム〉農協の准組合員対策

地域組合論に基づく、これまでの全中の准組合員対策には限界があることは本書で述べている通りであるが、これに対する農協の対応状況はどのようになっているのか。規制改革会議の准組合員の事業利用制限提案に対していち早く反応を示したのは、都市農協を基盤にするＪＡ東京都中央会であった。

早速「座して死を待つわけにはいかない」を合言葉に、農協が農業振興に果たしている役割を主張して制度改変の不当性を訴えた。その後、農協法改正後の5年間の見直し期間の中で当時の農水省大澤誠経営局長が現地を訪れ、意見聴取を行うなどの対応が行われたものの有効な対策を見出すことはできなかった。

この間、准組合員の利用規制を免れるために、協同組合としての税制上の特例を返上してもよいとする意見も出たようだが、これは協同組合の存在を自ら否定するもので、有効な対策とはなり得なかった。

他方、京都府農協中央会では農協に対して正組合員と准組合員の差をなくす定款改正を指導し、両者が一体になった農協運動を行うとしている。この指導は地域組合論の影響を強く受けたもので、農協は必ずしも農業振興をだけを目的とした組織ではないとする農協法第1条の農協の目的規定の改正や、正組合員と准組合員に差を設けないとする農協法の改正が念頭におかれているように見える。

一方でこの対策では、議決権の付与は組合員の資格確認調査により、農業振興に関わる度合いに応じて決めるとしているが、これでは正組合員と准組合員の呼称を組合員に一本化するだけの効果しかもたらさず、実態は変わらないのではないだろうか。

この京都の対策について高く評価する向きもあるが、准組合員対策は正組合員と准組合員の差をなくすことに主眼があるのではなく、農協が農業振興を目的とする組織であることを明確にし、その中での准組合員の役割を論ずることにこそ解決策があるように思える。

（注）京都の対策を評価する論調については、蔦谷栄一（農的社会デザイン研究所代表）の異見私見『ＪＡグループ京都の准組合員対策』日本農民新聞２０１９年4月5日号を参照。

第３節　今後の課題と対策

1．「意思反映」の意味

農協法改正後5年間の見直し期間を経て到達した准組合員問題の結論は、他の農協改革と同様に「准組合員の意思反映」を農協のPDCAサイクルの中に組み入れて実践していくことになった。それは、農水省による「農協の監督指針」によって行われる。「農協の監督指針」では、准組合員について次のように記載されている。農協は「准組合員の意思反映及び事業利用についての方針（Ⅱ—7参照）」を策定し、組合員との徹底的な対話を行い、総会で決定し、実践する」。

ところで、この「准組合員の意思反映」とはどのようなことを意味しているのであろうか。この点について主務省たる農水省から特段の説明はない。農協法上の准組合員の共益権の排除は非農民勢力の排除を意味していたが、今回の「准組合員の意思反映」は、これまでの考え方の転換を意味しているのだろうか。

農水省によれば、「准組合員の意思反映」という言葉は、政府の規制改革推進会議における終盤の議論で、本間正義委員（規制改革推進会議専門委員）から出された意見をそのまま取り入れたものであったという。

本間委員は農協改革において言わずと知れた急進改革の立場に立つ人物であるところから、その意図は准組合員たる非農民的勢力の排除を行わず、むしろ非農民的勢力の意思を農協運営に取り入れて農協改革を断行せよと受け取れる。

具体的に言えば、専ら信用・共済事業だけを利用する農協の准組合員の意思を農協運営に取り入れて、生協、信用組合や共済組合などへの組織転換を行えとも受け取れる。これは、2015年の農協法改正で新たに盛り込まれた農協の組織転換規定と合致する。

これに対応する農水省の指導は、いたって穏やかなものであり、「意思反映」の意味について、従来の准組合員の共益権の排除（非農民勢力の排除）の方針を転換するものであるなどとは一言もいっていない。

こうした事態を農協陣営は一体どのように理解しておけばいいのか。この点について、農水省は非農民勢力の排除のための准組合員の共益権排除方針の転換の意志は今のところないものの、そのことに繋がりかねない「意思反映」ということを認めざるを得ない深刻な状況もしくは立場に立たされたと理解すべきであろう。

全中が方針を示さないため、農協の多くの人にとって准組合員問題は、農水省の監督指針にしたがって進めていけば問題はないと受け止められているようだが、問題はそれほど簡単なものではない。この問題の解決は農協サイドに委ねられたと考えるべきで、今後の農協による意思反映の取り組み方次第で問題が再燃する恐れがあるとみておいた方がよい。

2．地域組合論の限界と新たな対応

准組合員問題解決のボールは農協に投げられたのであるが、これに対する農協の対応の仕方は二つある。一つは今までと変わらず、従来方針に基づいて対応を進めるか、もう一つは新たな対応方針に基づいて取り組むかである。

結論から言えば、農協はこのうちの新たな対応方針に基づいて取り組まざるを得ない状態に追い込まれていると言ってよい。

その理由の一つは、かつて全中が王手飛車取りにあって、これまでの准組合員対策について自信が持てず中央会制度の廃止を認めたこと、もう一つは、政府からの「准組合員の意思反映」という提案に対してこれまでの地域組合論の考えでは対応が難しくなってきたという事情からである。

ところが現実の農協の対応は今までと変わらず、従来方針に基づいて行われている。農協からは「これまでも政府から言われるまでもなく意思反映は行っている。これまで通り意思反映を行っていけば問題はない」といった声が大勢のようである。

ひるがえって、これまで農協は様々な形で准組合員の意思を取り入れる方策を実行してきているが、その意思反映の内容は極めて曖昧なものとなっている。それはむしろ当然なことで、地域組合論の立場に立って農業振興とは直接関係のない准組合員の意思をそのまま農協の運営に反映していけば、農協は農協でなくなっていくからだ。

したがって、准組合員の意思によって農協の運営が左右されないように意思反映はほどほどなものとなって行く。農協が地域組合論に立って従来通りの准組合員対策を続ければ事態は何も変わらない。

農協が従来方針に基づいて対応した場合、考えられる事態は二つである。一つは、①従来通り准組合員の数を増やし、准組合員制度見直しの世論の再燃を招くか、二つは、②世論の再燃を招かないため、准組合員の加入を控えて組織基盤の弱体化・事業の停滞を招くかである。

この点に関して、近年の組合員（正・准）数の動向を見れば（表18）のようになっており、２０１５年の農協法改正後、准組合員の増え方が

（表18）農協の組合員数の推移

年度	正組合員	増減	准組合員	増減	合計	増減
2022	3,933	▲85	6,339	▲4	10,272	▲89
2021	4,018	▲81	6,343	△23	10,361	▲57
2020	4,099	▲80	6,320	△33	10,418	▲48
2019	4,179	▲69	6,287	△44	10,466	▲25
2018	4,248	▲57	6,243	△36	10,491	▲20
2017	4,305	▲63	6,207	△130	10,511	△67
2016	4,368	▲65	6,077	△140	10,444	△74
2015	4,433	▲62	5,937	△154	10,370	△102
2014	4,495	▲67	5,773	△189	10,268	△123
2013	4,562	▲52	5,584	△220	10,145	△167
2012	4,614	▲55	5,364	△199	9,978	△144
2011	4,669		5,165		9,834	

注）農水省総合農協統計表。四捨五入のため合計数と内訳数不一致あり。単位千人。
△はプラス、▲はマイナスを表す。農協法改正は2015年。

減少し、結果として組合員総数は2018年以降減り続けている。そしてついに、2022年度において、戦後一貫して増え続けてきた准組合員の数が減少に転じたのである。

この結果を見る限り、農協は、①の対応方向ではなく、②の対応方向を選択しているように思え、結果は組織基盤の弱体化・事業の停滞を招く方向に向いている。

この状況からも、農協は新たな准組合員対策を考えていくことが求められていると言うべきである。

3．取り組みの課題

（1）意識改革〜准組合員の無関心と対応姿勢の転換

准組合員の意思反映から浮かび上がってくる農協の課題はことのほか大きいが、農協ではこのことについての問題意識は限りなく低い。否、問題意識が低いというより、この問題の本質がよく分かっているだけに、その問題には触れたくないというのが正確なところだろう。

准組合員の意思反映については、准組合員には農業や農協に対して関心がない。准組合員の農協加入はそのほとんどが貯金や住宅ローンの利用など農業振興とは直接関係がない動機からであり、准組合員で農業や農協に特別の思い入れを持つ人は少ない。

また、農協の方も准組合員に共益権がないこともあり、部外者扱いである。農協にとって准組合員は「よらしむべし知らしむべからず」の存在なのである。

法律上は准組合員に意思はなく、あるのは事業利用権だけであるが、協同組合は人の組織なのでメンバーの意見はできるだけ聞きたいということで農協はこれまでも様々な意思反映の方策を講じてきている。

だがそうした場合の准組合員の意見・意思とはきわめて漠然としたものであり、そのことが何を意味するか特段考えることは必要がなかった。ところが今回、准組合員の共益権排除に反するともいえる意思反映がそれも行政から提起され、農協はその内容を深く考えざるを得なくなったのである。

農協陣営は新たに提起された意思反映について、そのことがどのような意味を持つのか、正面から向き合いその答えを出していかなければならない事態に直面しているのであり、そのためには、農協は従来の運動路線の転換に向けての意識改革が求められている。

これまでの准組合員対策転換の手掛かりは、意思反映の中身をどう考えるかである。この点ついて、農協における准組合員の意思は、大きく分ければ農業振興に関するものとそれ以外のものになる。

ここで問題となってくるのがこれまで農協がとってきた地域組合論（正確に言えば、農協には農業振興と地域振興の二つの目的があるとする2軸論）である。この考えに立って農業振興以外の地域振興にかかる意思、具体的に言えば信用・共済・生活購買などに関する意思を農協に反映させるとどうなるか。

当然のことその部分は、農協以外の組織でその意思を実現すべしということになり、農協は内部分裂を起こすことになる。したがって、このような事態を避けるためには、農協にとって准組合員の意思は、農業振興に関する意思に一本化せざるを得ないということになる。

このことは、これまで農協がとってきた農協には農業振興と地域振興の二つの目的があるとする地域組合論による農協理念からの転換を図る必要があることを意味している。今後の准組合員対応には、まずはこのような根本的な課題認識が必要とされている。

(2) 試される農協の本気度

今回の准組合員問題について、農水省は非農民勢力の排除としての准組合員の共益権の排除について、方針転換をしたように見える。それは准組合員の「意思反映」という考えを取り入れることに表れており、それはこれまでのタブーを破ることを意味することでもある。

もちろん農水省は、今の段階で意思反映の延長線上として農協法上に准組合員に共益権を与えるなどの措置を考えているようには見えない。だが一方で、農水省はこれまでのタブーを侵してまで准組合員の意思反映を正式に表明したとも言える。

このことは一体何を意味しているのか。結論から言えばこのことは、准組合員対策に対する今後の出方を農協に任せることであり、農業振興に対する農協の本気度を試すことであると理解すべきであろう。

農協にとってそれは、意思反映をこれまでの形で続けて分割の憂き目にあうのか、それとも准組合員の意思を農業振興に絞り、准組合員制度を農業振興に生かすかの選択である。

農協はこれまでひたすら制度依存を続け、准組合員制度を自分の都合の良いように使ってきたが、いま初めて単に制度に依存することなく、状況変化に合わせて自ら制度を進化させ真にその活用を図らなければならない立場に立たされている。

農協は准組合員制度をいかに農業振興に生かすことができるか、その本気度が試されている。それは単に農水省からだけではなく、国民全体からの要請と考えるべきであろう。

また准組合員対策推進の難しさは、農協によって准組合員の割合、言い換えれば准組合員への依存度が異なるということであり、都市化地帯では准組合員対策について何を今さら、一方、農業地帯では敢えて今すぐに取り組まなくてもいいのではという雰囲気が強い。

しかし、世間はそういうこととは関係なく農協はそもそもどのような組織なのかを見ているのであり、全中を中心にして団結してこの問題への取り組み姿勢を明確にして対策を進めることが重要である。

〈コラム〉自己改革と優良事例

筆者は准組合員問題について、最先端を行く取り組みを行っていると目される農協の組合長とこの問題について議論したことがある。

この組合長の意見は、「准組合員の意思反映は政府に言われるまでもなくこれまで十分に行っており、監督指針を受けて今後も意思反映を続けていく。だからこれ以上騒ぐことはない。今後准組合員問題は、再び俎上に上ることはない」というものだった。

この時、筆者との間で激しい口論となったが、この発言は後から考えるとなるほどと思えた。農協法改正後、否それ以前から全中は自己改革をスローガンにして運動を進めてきた。ここで言う自己改革とは、「われわれに何の非もない。悪いのはアベノミクスの下での政府の対応である。これまで通りのことをやっていけば何の問題もない」というものである。

組合長の意見は、こうした全中の自己改革に関する認識と瓜二つなのである。だがこの考え方は、根本から見直しが必要である。様々に考えられる理由はともかくとして、これまでと同じようなことを続けてきたから農協改革が提起されたのであり、その結果農協は中央会制度を失うという致命的ともいえる傷を負った。

准組合員問題についても理屈は同じで、これまでと同じ対応をしていけばこの先何が起こるかわからない。「今後准組合員問題は、再び俎上に上ることはない」という組合長の認識には、何の根拠もない。

再三述べるように、こうした制度改変はそれまでの矛盾が堆積・爆発して突然破壊的な形で引き起こされる。問題が起こった場合にはそれで終わり、すべてが手遅れなのだ。中央会制度の突然の廃止で農協関係者はそのことを骨身にしみて分かったはずである。

農協が取り組むべきは、そうした事態にならないよう今からその理論的・実践的な解決策を考え実行に移すことで、それが農協改革に学ぶ農協の教訓である。

農業振興や准組合員問題にしろ、多くの場合解決策はこれまでの優良事例にはないと考えるべきで、むしろそれは解決のための妨げにさえなる。それが今回の農協改革が提起した制度問題対処の本質・特徴だろう。

准組合員対策について言えば、准組合員制度改変提起前の農協の優良事例は江戸幕府におけるものと考えるべきで、改変提起後の明治政府おいてそれは通用せず、むしろその障害になると考えるべきである。

ましてこのような農協運営の根本問題は、自分の役員の任期中には起こらないと、課題を先送りする意識が農協の幹部にあるとすればそれは論外である。

4．対策

（1）准組合員の性格付けと新たな農協理念の確立

最初の対策は、准組合員の性格付けと新たな農協理念の確立である。両者は相互に関連し密接不可分な関係にあるので、同時並行して検討を進める必要がある。まず准組合員の性格付けであるが、この点については前にも述べたように、今回の行政による「意思反映」指導によって、農協は准組合員の意思を農業振興一本の意思に絞らざるを得ない必要性に迫られている。

この点を考えれば、新しい准組合員の性格付けは、「農業振興の貢献者」、または「農業振興のパートナー」などとなる。

この場合、言い方は別にして、准組合員は正組合員とともに農業振興を担う一方の主役であるという認識が必要である。

准組合員の性格付けについての全中の整理は、①農業振興上の区分として「農業振興の応援団」（食べて応援、作って応援、働いて応援）とし、②またその属性として正組合員とともに地域農業や地域経済の発展を支える組合員と定義している（第29回ＪＡ全国大会議案・２０２１年）。

この整理を見て、農協関係者は准組合員がどのような存在であるのか分かるのであろうか。筆者は、准組合員をそもそも農業振興上の区分と属性に区分すること自体に大きな疑問を持つし、こうした整理自体が准組合員対策の混迷を物語っているように思える。

筆者なりにこの内容を思い切って整理すれば、②の属性により、農協の准組合員には地域農業と地域経済を支える二種類が存在し、准組合員が農業振興に役割を果たすとすればそれは農業振興の応援団だということを言いたいのだと思う。

この整理は、農協には農業振興と地域振興を担う二種類の組合員が存在し、農協には農業振興と地域振興の二つの目的があるとする地域組合論に立っていることを表している。こうした考え方は、第30回ＪＡ全国大会議案（２０２４年）でも変わっていない。何度も述べるように、これでは今後の准組合員対策を前に進めることはできない。

（注）古くなるが、かつて准組合員は「農協が農業者に基礎をおいた組織であることを踏まえ、協同組合運動に共鳴し、安定的な事業利用が可能なもの」と性格づけられていた（第15回全国農協大会議案・１９７９年）。

他方で、農水省は、すでに２００１（平成13）年の農協法改正で、准組合員について、それまでは地区内に住所を有する個人とされていたものを、農協の地区内に住所を有しないものであっても、農協から産直で農産物の供給を受けている者や農協が設置する市民農園を利用している者について、准組合員資格を与えることにしている。

（注）農協法による農協の准組合員資格（法第12条第一項第二号）は、「当該農業協同組合の地区内に住所を有する個人又は当該農業協同組合からその事業に係る物資の供給若しくは役務の提供を継続して受けている者であって、当該農業協同組合の施設を利用することを相当とするもの」となっている。

このあたり、農水省は准組員を農協に先んじて農業振興に貢献する者とはっきり方向付けしているように思われるが、農協はこうした行政の動きにあまりにも無頓着すぎるのではないかと思われる。

准組合員を以上のように性格づけるとして、准組合員は農業経営に直接・間接的に関与している人もしくは農家の子弟から、直接的に農業とは関係を持たない人まで多様に存在する。

こうした状況の中で農業振興の概念を従来のように農業者のみが担うものに限定すると、准組合員は農業振興に参加する余地がなくなってしまう。この矛盾を解決する方法は唯一つ、農業振興の概念を農業者のみが担うものに限定するという考え方を改めることである。それは、従来の農業振興の概念規定の呪縛からの解放に他ならない。

（注）こうした新たな農業振興の概念に立つ農協の准組合員対策を、小樽商科大学の多木誠一郎教授は第3の道（サードウェイ）と評している。

そこで考えられるのが、農業振興の概念をこれまでの農業者による狭義の農業振興に加えて、広義の農業振興（産業としての農業の使命）にまで広げることである。産業としての農業の使命とは、「第６章　農協運動の転換」で述べるように従来の農業振興に加えて①食料の安定・安全供給と②自然・社会環境の保全を加えることである。

農業振興について、農業者のみによって担われることを狭義の農業振興の概念とすれば、これに農業の産業としての使命をくわえたものを広義の農業振興ということができる。

農業振興をこうした広義なものとして考えれば、その課題解決は農業者だけで達成できるものではなく、消費者や地域住民の皆さんの協力があって初めて達成が可能であり、農協でいえば准組合員の皆さんがその役割を果たすことができる。

農協の准組合員は、主に農協の信用・共済事業を利用し、その収益が営農・経済事業の赤字補填に使われていることで農業振興に貢献しているのだが、それとともに、次のような役割を果たすことで農業振興の一方の主役になることができる。

その一つは、直接的な農業振興への貢献であり、それは多く准組合員が農家の子弟である場合であり、農業生産に直接かかわることでその役割を果たすことができる。

またその二つとして、准組合員は、直接農業生産に関わらなくても農業振興に貢献することができる。それは、産業としての農業の使命である①食料の安定・安全供給について、自ら農産物を食べること、また食の安全性について意見具申を行うことで、②環境保全については、自ら農的生活を実現すること、また自然的・社会的な環境保全に関して意見具申を行うことでその役割を果たすことができる。

いずれにしても、農協は農業振興の概念を狭義の農業振興から農業の産業としての使命に広げることで、広く600万准組合員を農協活動の仲間に引き入れ、農業振興の目的のもと国民に開かれた農協運動を展開していくことが可能になる。

農協は一方で多様な農業の担い手というような言い方のように、農業は専業農家だけで支えられるものでないと言いつつ、他方で農業は農業者のみの所管事項であるとしてせっかくの農協運動の仲間である准組合員を運営から排除してきた。

農協論も同じく、農業振興を農業者のみに負わせるという発想の域を出ず、相変わらず職能組合論と地域組合論として議論されている。一方で、すでに「食料・農業・農村基本法」でも、また今回の改正基本法でも述べられているように、農業は農業従事者だけで解決出来るものではないことは国民的合意になってきている。

以上のことを総括すれば、新たな農協理念とは、農協は「農と食・環境問題への取り組みを通じて豊かな地域社会を建設する」ということになる。農協はせっかくの准組合員制度を、真に農業振興に生かす道を探求すべきであり、そのためには従来の農協運動の路線転換が求められているのである。

(2) 准組合員の組織化

農協が准組合員の性格付けと新たな農協理念について共通の意識を醸成したうえで次に取り掛かるのが、准組合員の組織化である。

まずその取り掛かりは、准組合員が農協に加入する際、農業振興への協力をお願いする一札を取り付けることであるが、この点についてはすでに取り組まれている例も多い。

また、准組合員の実態は、農家の子弟や農協関係者から農協とは全く関係のない人まで多様で、かつ加入の動機も様々である。農村で農家の子弟が准組合員になっている場合は、農業の手伝いなど准組合員はまさに農業振興になくてはならない存在である。

他方、サラリーマン家庭の人など農業とは全く関係のない准組合員も数多く存在しており、こうした人々に対しては、農協ではピンポイントの対策が必要になる。准組合員のなかには農業に従事していなくても農業に関心を持つ人は数多く存在する。

とりわけ、家庭菜園や食の安全性、環境問題などは准組合員だけでなく広く地域の皆さんの関心事でもある。農協はこうした農業に関心を持つ准組合員の声を拾い上げ、その組織化を積極的に進めるべきである。

農協には各種生産部会、青年部、女性部などが主力組合員組織として存在する。農協が今後准組合員対策を本気で進めるならば、これらの組合員組織に加えて、准組合員組織である「みどり部会」（仮称）などの創設も考えて行かなければならないだろう。

准組合員の部会は、地元農産物を買い支えることを目的とした「農業振興クラブの結成」、「農産物直売所を利用する会」、「学校給食を有機農産物にする会」、「遺伝子組み換え食品等農産品の安全性を考える会」、「体験農園・市民農園等農業に触れ合う会」、「夏休みこども村等学童教育の会」、「健康レシピの料理教室」、「農泊・農福連携の会」、「SDGsを日常的に進める会」、「農産物のタネを考える会」、「ゴルフクラブ・囲碁の会など農産物を賞品とする各種スポーツ・趣味の会」等様々に考えられるが、それらを総称する准組合員部会の総称として「みどり部会」の創設が考えられてよい。

（注）地元農産物の買い支えについては、もっと注目されてよい。農協が安心・安全な地元農産物を渉外活動のついでに准組合員のもとに割安価格で届ければ、それに賛意を示す准組合員は多いだろう。

買い取りや委託販売という発想だけでなく、物流経費を節約したこうした農産物の販売は、協同組合ビジネスモデルの構築として魅力的ではないかと思える。西欧諸国では、消費者による農産物の買い支えは日常的に広く行われている。

円安物価高などで生産資材が高騰し、酪農経営が危機に陥った時、農協が全国６００万人の准組合員に対して「朝もう一杯の牛乳を！」と呼びかける力を持てば、国消国産などといったインパクトのないキャッチフレーズよりよほど農協の存在を国民に知ってもらえる機会になるのは確実である。

みどり部会は、生産部会、生活部会、女性部、青年部などの既存の各種組合員組織の中で正組合員と准組合員が一緒になって取り組むことからはじめることが現実的である。否、むしろ正准組合員が一体になって取り組むことに意義があると思われる。

この点で、農協はみどり部会を全く新しい形で組成する必要はなく、要は、みどり部会の看板を高く掲げることによって、農協が農業振興を目的とした組織であることを内外に示すことこそが重要である。

また、行く行くは活動内容の交流のため、農協や都道府県ごと全国域に准組合員連絡協議会が結成される必要もあろう。この運動は農協組織の内部から変えるのは極めて難しく、准組合員の有志が集まって農協の外から改革を促すと言った取り組みも必要だろう。

いずれにしても、こうした准組合員の組織化は農協が本気にならなければなしえない。准組合員の組織化は、みどりの教育文化活動（協同組合として農業面からの教育文化活動）として取り組まれる必要があり、その実現には、とりわけ鋭い問題提起力を持つ事務局体制の確立が不可欠だ。

これまでも准組合員モニター制度、各種運営員会などを通じて准組合員の意思反映が行われているものの、総じていえば准組合員は農協の単なるお客さん扱いであり、とうてい組合員参加の協同組合運営とは言えないのが実態である。

（注）これまでにも都市部を中心に、准組合員部会の取り組みが進められた経緯があるが、いずれも立ち枯れの形に終わっている場合が多い。その原因は、准組合員対策の考え方が不明確なことによるものと考えられる。准組合員を、農業振興を担う仲間と位置付けなければ、農協の継続的な准組合員対策は難しい。

（3）准組合員に対する議決権の付与

そして最後に、准組合員の共益権の問題がある。その最たるものである議決権についてどのように考えるか。参加と民主主義を標榜する協同組合たる農協として、准組合員に議決権が与えられないのは本来的な姿ではない。

結論から言えば、准組合員にも何らかの形で共益権が与えられることで、准組合員対策は十全なものになると考えられる。またこの方策は、行政の准組合員意思反映方策に対応する、農協サイドの一歩も二歩も踏み込んだ対策と位置付けられる。

問題は議決権付与の形であるが、准組合員が農業の基本価値の実現に寄与し、農業の産業としての使命を果たす役割を担うとしても、農業振興の主役である正組合員とは一線を画す措置が必要と思われ、そのための具体策として、①正組合員に対する二分の一議決権の付与、②正組合員の拒否権付き議決権の付与等が考えられる。

このうち、准組合員への正組合員の拒否権付き議決権の付与が現実的な対応と思われる。拒否権付き議決権とは、例えてみれば、国連における拒否権を持つ常任理事国（正組合員）と非常任理事国（准組合員）の関係に置き換えてみると分かり易いかもしれない。

農水省も、准組合員存在の目的が農業振興にあるということになれば、非農民勢力の排除のために一方的に共益権に制限を加える理由がなくなり、制限付きの共益権付与に前向きになれるのではないか。

行政対応に関して、筆者はかって農水省に対して、意思反映を一歩も二歩も進める手段として「農協の定款で、准組合員に対する正組合員の拒否権付き議決権を付与する」ことの是非を問うたことがある。

これに対する明確な答えはなかったが、少なくともノーという答えではなかった。それは今の段階で共益権付与について整理がついていないが、農協の現場で実績をつくれとも受け取れる。

他方、農協サイドとしてこれを進めるには相当の勇気がいる。それはある意味で従来の農協のガバナンスあるいはそれを超えるヒエラルキーの変更を迫るものでもあり、農協の役員、とくに常勤役員には二の足を踏む人が多いだろう。否、これまでの長年の運営習慣になじんできた農協役員の多くは、そのような危険なことはとてもできないという認識だろう。

今では常識となっている農協への青年・女性などの複数組合員加入（それまでは一戸一組合員加入）も、全中の「総合審議会」報告（1986年）後、定着までに20年以上もかかっている。准組合員への制限付き議決権の付与は、この問題よりはるかにハードルが高い。

（注）1．信じられないことだが、「総合審議会」報告までは、一戸一組合員が農協運営の常識であり、農業の主宰権を持つ戸主が加入していればそれで足りるというのが当り前の考え方だった。

2．組合員の共益権については、議決権のほか、選挙権、代表訴訟権、役員改選請求権などがあるが、ここではとりあえず議決権を取り上げている。議決権の付与については、制限付き議決権の付与のほか様々な方法が考えられるので、農協でよく議論されるべきだろう。

関連して現在、総代会制度をとっている農協がほとんどであり、総代にどの程度の准組合員枠を設けるのかもあわせて検討する必要がある。また、膨大な准組合員への対応は、総会運営や事業推進などで困難との声も聞かれるが、ＳＮＳを使えば多くの問題は解決できるし、そのための対策を考えるべきである。

一方で、准組合員に対する条件付き議決権の付与は、これまでのともすれば陥りがちな農協の保守的な組織風土を一変させ、また正准組合員が一体となって農業振興に取り組む農協運営転換の切り札になるものと考えられる。どの農協がファーストペンギンに名乗りを上げるか、期待したいものである。

どのような革命的と思われる改革でも、いざ実行してみれば意外と簡単なことも多く、またそれまでの非常識が常識になる例も多く存在する。農協のトップリーダーには、勇気ある決意と行動が期待される所以である。

第5章　農協改革の総括・教訓

要点

本章では、農協改革の総括・教訓として3つの項目を取り上げている。①自主・自立の農協運動、②地域組合論の転換、③協同組合論の確立の三つであり、本章ではこれらの問題について、個別にその内容を分析している。

これを全体として俯瞰して考えてみると、これらの問題は全て農協の制度問題に関連していることに気が付く。制度問題とは①中央会制度、②総合農協制度、③准組合員制度の三つであり、これまで農協はこの3大制度に依存して運動を行ってきた。

今回の農協改革で、その一角である中央会制度が崩れた。したがって、いま農協が行う最も重要なことは、今後の農協運動について、中央会制度の廃止から多くを学ぶことである。

ここで述べていることは、農協法改正後に農協でとっくの昔に議論しておかなければならないことであり遅きに失した感があるが、ここでの総括・教訓を参考にして、今から早急な取り組みを期待したい。

（注）3大制度のほか、農協の行動に大きな影響を与えるものとして、協同組合原則がある。協同組合原則は、協同組合運動における世界的な取り決めであり、制度ではないが、その重要性に鑑み3大制度と合わせて言及している。

他の箇所でも述べているが、農協は協同組合原則について、その内容の理解よりは、農協組織の維持のために使っているという側面が強い。

ここで述べている総括・教訓の結論は、残された①総合農協制度、③准組合員制度を農協組織にとって都合の良いように利用するのではなく、農協本来の目的である農業振興のために位置付け、目標達成のため積極的に活用していくことである。そのためには農協の実践活動を通じて、この制度を進化させて行くという観点が必要である。

この制度の活用は、農協の既得権益や組織維持のためだけではなく、真に組合員のニーズに応え、かつ社会・経済改革の一環として取り組むことが重要であり、この制度への都合の良い一方的な依存ないし、ましてそれを超えた悪用は、農協組織そのものの存在を危うくする。

農協は今回の中央会制度の廃止から、そのことをいやというほど思い知らされたはずである。農協はその独善的、保守的な性格から、ともすればこの制度を自分にとって都合よく、盲目的に活用してきたが、これからはそうした組織依存の意識ではなく、農協本来の目的である農業振興のために発展的に活用していかなくてはならない。

ここでの総括・教訓を踏まえた今後の農協運動の方向は、「第6章　農協運動の転換」で述べる。

第1節　自主・自立の農協運動

1．協同組合第4原則

自主・自立とは、協同組合原則の第4原則でいう「自主・自立」のことである。そこにはこう記されている。「協同組合は、組合員が管理する自主・自立の組織です。政府を含む外部との取り決めを結び、あるいは組合の外部から資本を調達する場合、組合員による民主的な管理を確保し、また組合の自主性を保つ条件で行います」。

この原則は、そのままでは協同組合と政治や宗教との関係に直接言及したことにはなっていない。だがこれをもって、協同組合は政治や宗教との関係を考えなくてよいのだろうか。

これについて、かつてのロッチデール原則では『政治や宗教に対して中立を保つ』となっており、1937年のICAパリ大会の協同組合原則でも同じような原則が規定されていた。その理由は、生産や消費の協同という経済的活動をおもな目的としている協同組合では、この領域以外のことで人々の意見が分かれやすい政治や宗教の問題をいたずらに持ち込むことは、不一致が生まれたり本来の目的を混乱させたりするからというものであった。

一方で、人間活動において政治や宗教において中立であることはあり得ず、誤解を招きかねないという判断から政治的・宗教的中立の文言は、現行の原則では削除されている。（河野直践執筆『新　協同組合（改訂版）その歩みと仕組み』財団法人協同組合経営研究所刊・2009年）。

ここで述べられている、協同組合における政治的宗教的中立の問題の本質は、①人々がお互いの政治的、宗教的信条を認め合うこと、②あらゆる組織とりわけ協同組合は政治と向き合うには慎重であれ、そして覚悟を持って臨めということだろう。

宗教についていえば、ここで改めて述べるまでもなく、国家間の対立である戦争はほとんどの場合、宗教が絡んでいることは歴史が教えている。イラク戦争も石油利権を求めての戦争であると同時に、キリスト教とイスラム教の戦いでもあった。いま起こっているイスラエルとパレスチナ（ハマス・ヒズボラ）の戦いも、典型的な宗教戦争である。

総じて協同組合のみならずあらゆる組織は政治や宗教に対してセンシィティブな対応が求められ、この度の農協改革もこうした観点で見ていくことが重要である。結論から言えば、今回の農協改革で農協とりわけＪＡ全中がとった政治にかかる運動姿勢は、協同組合原則が唱える「自主・自立の原則」からは程遠く、著しくその原則を逸脱したものであり、むしろそれは絵にかいたような失敗例だったと言える。

協同組合の研究・連携組織であるＪＣＡ（日本協同組合連携機構）などは、今回の農協改革の顛末をＩＣＡ（国際協同組合同盟）に報告し、なぜ中央会制度の廃止に至ったのかをよく分析し、近く想定される協同組合原則改定の検討にあたって、その教訓を反映すべきであろう。ＪＣＡが本来機能を果たそうとするのであれば、まずはそのことが先決問題である。

なお、中央会制度の廃止は、自主的な運動確立の観点から、今回の農協改革における唯一の成果であるなどとする意見もないではないが、この制度が持っていた内容や運動の結果を見ればとてもそのようなことは言えないだろう。

それは「第3章　中央会制度」で述べた通りであり、関係者は安易に政治の力を利用するととんでもない結果が待ち受けていることを今後の協同組合運動の教訓にすべきである。

（注）国際協同組合同盟（ＩＣＡ）は2014年6月1日に規制改革会議が5月22日に取りまとめた「農業改革に関する意見」のなかで示した農協改革案について「協同組合運動の基本的な原則を攻撃するもの」との声明を出している。

農協は農業問題を抱えるだけに政治との関係は重要である。だがこれまでの運動の経過を見れば、農協は政治との付き合いが上手とは言えない。農協では、政治に興味を持つ人は多いが、政治の本質や怖さを理解している人は少ない。この点で政治の力をうまく使ったのは、高度経済成長期の米価運動で名をはせた宮脇朝男元全中会長だっただろう。

当時の宮脇会長は、時の田中角栄総理大臣とも互角に渡り合ったが、それは宮脇会長が農民運動の出身者だったことと無関係ではない。当時は中選挙区制のもとにあったとはいえ、宮脇会長は自民党から共産党までを幅広く手玉に取って、農協の要求実現に力を発揮した。

だが概して言えば、農協は政治の力をうまく使ってはいない。その最たる事例が２００７年の参議院選挙であり、この選挙において全中は中央会制度を悪用し、また自民党との特別な関係を持つことで、かけがえのない中央会制度を失った。

覆水盆に返らず、今後永久に中央会制度は戻ってこない。農協はこのことを教訓として、自主・自立の農協運動を構築していかなければならない。

「第2章　農協改革の経過」の中で述べたように、今回の農協改革で、全中は自主・自立の協同組合精神を忘れて、自身が自民党の支配下に置かれてしまった。

したがって、全中が早くこうした関係を断ち切って、反省に基づく自らの方針を打ち出していくことこそが、今回の農協改革から学ぶ最大の教訓である。本書で何度も述べるように、農協運動と農政運動とは本質的に違う性格を持つ運動であり、一般社団法人になった全中は、このことを深く認識して今後の農協運動を行っていくことが重要である。

2. 中央会制度の悪用

中央会制度廃止の理由については、「第3章　第2節　中央会制度の廃止」で述べた通りである。その原因はさまざまに考えられるが、直接的には中央会制度の悪用が最も大きな原因であったと考えられる。

中央会制度については、廃止されてしまったのでもう元に戻ることはない。したがって、ここから学ぶべきは、残された総合農協制度や准組合員制度を失わないよう自己努力を行うこと、失ってしまった中央会制度については、その制度にかなわぬまでも、出来るだけ早期にそれに代わる体制を構築していくことである。

それにしても、2007年の参議院選挙以来、全中と全中専務を務めた山田議員・自民党との関係は一種異様なものであり、とても正常な状態とは思われぬ事態が続いてきた。かりに全中がこのような関係を待たなければ、中央会制度の廃止までには至らなかったのであろう。

ここでは2007年の参議院選挙以来、全中と全中専務を務めた山田議員・自民党との関係について〈外聞〉中央会制度崩壊の顛末～前史と最終攻防として見ておきたい。

〈外聞〉中央会制度崩壊の顛末～前史と最終攻防

中央会制度の廃止にかかる政府自民党との攻防は、2014年の暮れから2015年の年始にかけての短期間のものだった。しかも全中が農水省から中央会監査廃止の通告を受け、議論の結果、自らの組織の命運を自民党（インナー）に委ねる決断をするまでの期間はわずか数日程度の出来事だった。

中央会監査のおよそ１００年、中央会制度65年の歴史を考えると、その廃止にかかる期間としてはあまりにも短い期間であった。このような実績を持つ組織が、なぜこのように短期間のうちに命運が決まってしまうものか、筆者のみならず多くの農協関係者は不思議に思われたことだろう。

この点について、中央会制度が廃止になるまでにはその伏線があり、全体の期間を２００７年の参議院選挙から２０１５年の農協法改正までの８年間として、これを一連の流れとして見ることで始めて理解できることではないかと思う。

以下、中央会制度崩壊（ここで崩壊と述べているのは、制度廃止の原因が農協自らにあることを含意している）の顛末について述べるが、内容は今回が初めてでなく、拙著『覚醒シン・ＪＡ～農協中央会制度65年の教訓』全国共同出版（２０２２年）でも紹介している。また一部、本書の「第2章　農協改革の経過」と重複することをお許し頂きたい。

⑴　山田選挙

今回の農協改革の評価にあたって避けて通れないのが、２００７年に行われた参議院選挙である。結論からいえば、この参議院選挙こそが農協改革最大の焦点となった中央会制度廃止の引き金を引いた、あるいはその結果を招いた要因でもあった。

この選挙（以下、山田選挙という）は、いわゆる族議員の選挙と言われるものであったが、普通いわれる族議員選挙とは大きく様相を異にする。それは、一般的に言われる特定団体の利益を代表するというようないわゆる族議員の選挙の域を超え、選挙後に完璧な農協組織の自民党支配を許したという点で他に類を見ない結果をもたらす特異なものであった。

（注）自民党の裏金問題に端を発して政治資金規正法が改正され、政治と金の問題が政権を揺るがす大きな政治課題になったが、山田選挙はそうした政治と金の問題をはるかに超えた組織と政治・選挙のあり方について大きな問題を提起している。

この点について、「JAグループは2007年の山田選挙以来、民主的なプロセスを経て候補者を決めてきた。協同組合は人の組織なので、その事実は特質に値する（2024年7月15日付け日本農業新聞記事）」旨の東大法学部卒学者の政治評論が載っていたが、外からの受け止め方はそんなにのんきなことなのか、筆者には愕然とする思いしかない。

2007年の参議院選挙においては、農協から独自候補を擁立すべきとの機運が強かった。それまでも参議院選挙で農協の組織候補者を擁立して選挙を戦ってきたが、候補者は主に農水省出身者で固められ、組織の自前候補というにはほど遠い状況にあった。農協が選挙において農水省出身の候補者を擁立したのは、中央会制度が実質的に行政によってつくられたことに対する配慮とも考えられ、自前候補の擁立は「その意気や良し」だったのだが、選挙にあたって中央会制度を利用（悪用）したのは何としてもまずかった。それまでの選挙において全中が中央会組織を使わなかったのは、中央会制度の趣旨が良くわきまえられていたからに他ならない。

ここでいう組織の自前候補とは平たく言えば農協組織に属する人のことを言う。自前候補擁立の背景には、農水省出身の議員を通じて様々な要求を実現していくことは隔靴掻痒の感があるし、また、２００５年に行われた郵政選挙によって郵政解体の道が開かれたことにも、次は農協という危機感が強かったこともあろう。

そこで自前候補者探しが始まったのだが、当初は全国農協青年組織協議会の門田英慈会長や宮田勇ＪＡ全中会長らの名前もあがったが、最終的には山田俊男ＪＡ全中専務理事に落ち着いていった。

またこのことと並行して、自前候補の必勝を期すにはどのような対策が必要なのかが話し合われた。そこで参考にされたのは、３年前に行われた参議院選挙において農水省出身で参議院議員１期を務めた日出英輔氏がなぜ落選の憂き目にあったかということだった。

日出候補落選の教訓から導き出されたのは、実質的に全中を選挙活動の母体にすることであった。全中を選挙活動の母体にする案は、農協における公式的な組織で行われたのではなく、日出氏本人と選対責任者、山田専務およびその関係者で話し合われた少人数の私的なものであった。

なかでも全中の選挙利用について大きな役割を果たしたのは、全中OBで山田専務と同郷であり、全中宮田会長とは農協の青年部活動の仲間であったI氏の存在だった。

当時の宮田会長は、全中の選挙協力については大きな懸念を持っていたが、一方で諸般の事情からやむを得ないとも思い、協力するにしてもそれは今回限りのものと考えていた。だが、その後の展開を見ると、山田氏の徹底主義がそれをはるかに上回り、事態が進展していくことになる。

この選挙の3年後に農協の独自候補を立てるという選択肢もあったにもかかわらず、なぜ参議院議員1期を務めた福島啓史郎議員を引きずり下ろしてまで独自候補を立てたのか。そこには、福島議員が農協に対して頭が高いといった批判程度の理由を超える何かがあったに違いない。

どのような理由があったにせよ、かって経験したことのない全中（中央会制度）を選挙運動の道具に使い農水省との全面対決を生みだしたのは、誠に痛恨の極みのことであった。

また山田候補が選挙の直前まで現職のJA全中専務理事であったこと、さらに同候補を実質的に全中が支援したことは特別の意味を持っていた。「これで山田さんは泡沫候補から本命候補になりましたね」との当時の全中常務の発言は、誠に的を射たものだった。

なお、山田議員を全中専務に起用した原田睦民ＪＡ全中会長（宮田勇全中会長の前の会長）は、県会議員から農協界へ転身した自身の体験から、農協運動と政治には一線を画すべしということを信条としており、ＪＡ全中、とくに山田専務が政治にかかわることがないよう警告し、その旨遺言までしていたが、その願いは聞き入れられることはなかった。

繰り返し述べるように、中央会制度は実質的には行政がつくった感の強い農協法に基づく公的機関としての性格を持つ組織である。その全中が、自らの組織に所属していた特定候補の選挙の道具に使い、かつ参議院議員1期の実績を持つ元農水省高官候補（福島啓史郎氏）を組織内の予備選挙で退け、本選で落選に追い込むことがどのような結果をもたらすのか、普通に考えてそれは尋常なことでは済まないことは、少し考えれば誰でも気の付くことだった。

（2）徹底主義

以後、全中総会での山田候補の出馬挨拶を皮切りに、全中は山田選挙に全力を挙げることになる。この選挙活動は当初の全中の思惑を大きく超えた形で行われていくことになるが、そこには山田議員が持つ徹底主義という個人的な信条・資質が大きく影響している。

族議員といっても、選挙活動等について、普通は出身組織に迷惑をかけないように多少は遠慮するものであり、それが国会議員になろうとする一般的なモラルというものだが、山田議員の場合はそうではなく、徹底して全中を利用した。

選挙にあたって全国農政協から全国農政連への組織変更（2006年4月）が行われたが、この措置は一般的な選挙活動への対応のほか、選挙活動の看板は全国農政連、実質の選挙活動は中央会組織でという山田候補の選挙戦略に利用された感が強い。

ちなみに、全国農政協は、中曽根首相による「農協の行政監察」の反省から、全中が過度に政治もしくは選挙にかかわる危険性を察知した当時の山口巌全中専務が、全中から政治活動を分離するためにつくった組織であった。

選挙のための全中（中央会組織）利用は、山田候補本人が選挙活動を実質的に取り仕切ったことにもよく表れており、立候補直前までJA全中専務の要職にあったことがそれを可能にした。

山田候補は専務2期の例外規定を利用し、自らの参議院選挙出馬を見越してその準備のために在任期間を1年延長（2005年8月～2006年8月）させているが、その例外規定をつくったのも全中専務であった山田候補自身であった。

選挙の候補者が選挙の直前まで自身が属していた職場の部下を使い、自らの選挙運動の陣頭指揮を執ったことは、普通にはありえないことであった。福島啓史郎議員との農協組織内予備選に勝ち、正式に全国農政連の推薦候補になったのは２００６年5月23日のことであったが、このことに象徴されるように山田氏は、全中専務在任中に参議院選挙に出馬するすべての対策を終えていたのである。

また、選挙にあたり全国連の常勤役員は50万円～１００万円、会長は３００万円の個人カンパに応じ、全国で5億円の選挙資金が集められた。

選挙戦においては、「自前候補（前全中専務理事）を落とすのは組織の恥だ」ということが合言葉にされ、徹底したものとして展開された。選挙戦に入ってからは、勤務時間の内外を問わず連日のように選挙運動に職員が駆り出され、役員はその先頭に立った。

農協には投票依頼専用の電話線が引かれ、また期日前投票が徹底された。もちろんこれらの選挙活動は、後で選挙違反に問われないように周到な準備の下に行われた。

こうした内容は山田候補の意図を汲んだ全中の指示のもと、都道府県中央会を通じて一糸乱れない形で行われ、全国の中央会全体が丸ごと山田候補の選挙事務所の様相を呈することになったのである。

こうした選挙活動は、農協組織全体に著しいモラル低下をもたらし、当時の全中の教育部長は研修会冒頭のあいさつで、何のためらいもなく山田候補への投票依頼を行っていた。

中央会制度の仕組みがそのことを可能にしたのだが、こうした全中がとった、もしくは山田候補によってもたらされた行為は、公的機関である中央会制度の悪用以外の何物でもなかった。

（注）似たような組織選挙としては、郵政選挙における自民党支持母体の特定郵便局長会、大樹の会（OB会）によるものが有名であるが、山田選挙は郵政選挙と違って中央会が直接の政府組織ではなかっただけに、郵政選挙を上回る組織利用選挙になったと言ってよい。

前にも述べたが、中央会制度は行政がつくった完璧な農協の経営指導組織であり、協同組合運動の司令塔ともいえる組織であった。その組織が農協の特定候補の選挙に利用されたらどうなるか。答えは明白であった。山田候補は空前ともいえる45万票を集めて農協組織は勝利に沸き返った。

しかし、この山田選挙こそが後の中央会制度廃止の引き金を引いたといっていいものであった。中央会制度の廃止は表向きには合併が進んで地域農協が自立し、その必要性がなくなったというものだが、その内実は中央会制度を自らの特定候補の選挙活動に悪用するという禁断の虎の尾を踏んだからというのが大きな理由であったといえる。

当時このことに気づいていた人は、当の全中のなかにほとんどいなかった。今回の中央会制度廃止について、ある全中ＯＢは「やってはならない政治の火遊びで母屋全焼」と評している。

農協組織内の予備選挙で、山田候補がそれまで参議院議員1期を務め、再選を期した福島候補の擁立を退けた直後の記者会見で記者団から、このことは農水省との間で大きな亀裂を生むのではないかとの質問に対して、当時の川井田幸一全国農政連会長は「心配無用」と答えていたが、この言葉は楽観的に過ぎるものであったと言わざるを得ない。

（3）自民党のＪＡ全中支配

その後、山田議員と全中の関係は一層深く、離れ難いものとなって行く。それは、「ちょっとだけよ」では済まず、以降、全中と山田議員が一体となった誠に奇異な政治組織体制が構築されていくことになった。

それは選挙を契機に、ここからが山田議員の徹底主義の真骨頂が発揮されて行くことでもあり、それはまた、半公的機関である全中そのものが山田議員によって吸い取られていく過程だったように思える。

その象徴的出来事は、2011年2月の全中理事会で決められた参事の設置である（山田議員が参議院議員の1期目）。参事の設置は全中の定款に規定されているが、全中設立当初の時期を除いて設置されていない。

参事制は、農協が商法の適用になり代表理事制が採用されてからは無用の長物であり、全中の経営の教科書でもそう書いてある。まして全中のような職員数100人程度の小さな組織に、専務・常務を置いたうえで参事を置く必要性は全くない。全中に参事を置くいかなる理由も存在しなかったのである。

現在、全農や全共連では参事が置かれているが、このような職員数が多い巨大組織においては、参事は単に職制の一環として活用されている。にも関わらず参事を設置するには別の意図があり、それは参事の設置によって人事権を掌握できるからである。

実は、筆者が山田議員とともに全中常務を務めていた時にも参事設置の案が浮上したことがあるが、実現することはなかった（ちなみに、筆者はその際、この案に懐疑的で推進した経緯はないことをお断りしておく）。

この時参事設置の反対の急先鋒に立ったのは、他ならぬ当時の山田常務であったが、それは山田議員が参事設置の危険性を誰よりもよく熟知していたからに他ならない。

参事設置の報を耳にしたとき、やはりそれを考え付いたのかと即座に気づいたのは、筆者にこの実体験があったからである。「これはまずい」、筆者は早速全中役員はじめ幹部に参事設置の危険性を訴えたが、耳を傾けるものは誰もいなかった。

誰しも全中会長の経営専権事項に口をはさむことは憚られ、また誰しもまさかそのような意図はあるまいと思ったのである。当時の全中会長も選挙で圧勝した現職の国会議員がバックにいるだけに、この案をむげには断り切れなかったのだろう。

参事設置の理由について、全中当局は東日本大震災への対応とまことしやかに喧伝したが、大震災が起こったのは参事設置１か月後の２０１１年３月のことであり、その欺瞞性は明らかであった。ちなみに参事に登用されたのは、全中時代から山田議員の腹心と目される人物（部下）だった。

いずれにしても参事設置によって、全中は自民党（山田議員）頼りの、そして結果において自らの責任を負うことさえ許されない自主・自立の精神を放棄した組織となり下がり、それは後に広範な組織討議すら行うことなく中央会制度の廃止を認める結果を招いた敗北の基盤をつくることになったと考えられる。

通常こうしたことは、公私混同とも疑われるが、山田議員の徹底主義からするとそれは公私混同ではなく、公私一体と言うことなのだろう。

もちろん、全中サイドにも山田議員が全中運営に実質的に参加するのはお互いのメリットになるという判断が働いていたのだろうが、それは大局的に見ると大きな誤りであり、組織に重大な損害を与えるものであった。

事実上の中央会制度廃止が報告された２０１５年の全中理事会で、出席理事から当時の参事に対して責任追及の声が上がったが、このことは、結果として全中がほとんど抵抗することもなく中央会制度廃止を認めたことについて、山田議員とともに当の参事が重要な役割を果したたという事情を正確に反映したものであった。

（注）このことに関して、農協の管理業務システムの開発・運用の失敗による巨額損失発覚を受けて、全中は２０２５年３月末をもって馬場利彦専務理事の退任を発表したが、この馬場専務こそ２０１１年２月の全中理事会で参事に登用された、その人である。

退任の理由は一身上の都合とされるが、とてもそのようなことで済まされることではない。最低でも中央会制度がなぜ廃止になったのか、馬場氏にはその反省・総括について述べる終生にわたる責任と義務がある。

かつて全中専務を務め、「自然はおいしい」で農協牛乳を世に送り、消費者の圧倒的な支持を受けて一世を風靡した稀代の農協運動家・山口巖氏は、当時の全中・自民党・政府による３者懇を念頭に置いた「政・官・団体」のトライアングルには一定の距離を置けというのが口癖だった。

これは、自主・自立の農協運動を掲げる同氏の信条からくる、中央会組織の性格をよくわきまえた言葉だったが、そうした矜持のある農協運動の姿は全中には跡形もなくなってしまった。全中農政部長の朝一の仕事が、議員会館（山田議員）への指示を仰ぐ電話という事態になっては、農協運動はおしまいである。

ついでながら、山田議員の徹底主義は関係者の一種の思想統制にも及び、全中の方針に異を唱えることを含め自由闊達な意見は封殺される雰囲気を広く組織全体にもたらすことになった。協同組合として民主主義を標榜する農協組織は言動を一致させるべきであり、早くこうした事態を脱して自由闊達な議論のもと、自主・自立の農協運動の姿を取り戻して行きたいものである。

一方で、中央会制度の廃止について、それは農協関係者全員が関わってできたことであり、このような事態になったのはみんなの責任ではないかという全中発の「ささやき」が流布し、なぜこのような事態になったのかの反省は、いまだに封印されたままである。

〈コラム〉地下足袋の小枝

山田議員のほかに全中職員から政治家を志した人物に小枝英勲氏（1929年〜）がいる。父の小枝一雄氏は自民党の党人派国会議員として農林畑ひとすじの「地下足袋の小枝」として重きをなした。

英勲氏は父の死去に伴い、全中職員を辞して1976年の衆議院議員選挙に岡山1区から立候補したが落選した。その後英勲氏は、活動を地方政治の場に求め、地元中央町長や県会議員（1984〜2007年・2005年議長）を務めている。

同じ全中出身ながら、英勲氏は選挙にあたって自分から全中はじめ農協組織を意図的に政治利用することはなかった（少なくともそうしたことは筆者の耳には入らなかった）。

この点で、完璧なまでに農協組織を利用した山田議員とは好一対をなしている。英勲氏には、国会議員に立候補するまで全中にお世話になったという負い目があったとはいえ、父親の薫陶を得て、選挙にあたって過度に組織には頼らないという政治家として必要な信条・矜持があったように思える。

（4）中央会制度の廃止（山場の攻防）

中央会制度はどのような経過を経て廃止に至ったのか。長年全中に籍を置いた者として、その原因追及は最低限の責務と思うので、この点について述べておこう。この歴史的事実に筆者は当事者として関わったわけではなく、その真実の内容について必ずしも正確ではない点もあるかと思う。それでも、当時その周辺にいて、緊迫した状況に身を置いた者の受け止めとしてご理解を頂きたい。

筆者は当時、農協の自主研究組織としての「新世紀ＪＡ研究会」の事務局を担当していた。

研究会では年に2回、農協での全国現地セミナーを開催しており、その年（２０１４年）の秋のセミナーは、２０１４年10月16日～17日に「ＪＡ愛知東」で行う予定で、筆者はセミナーの開催報告のため全中を訪れた。２０１４年10月14日のことである。

この日はいわば偶然に全中を訪れたのだが、それは今次農協改革の最大の山場で、奇しくもその劇的瞬間を目の当たりにしたのである。このことは筆者にとって、何か運命的なものさえ感じさせる出来事であった。

この時対応した全中の谷口肇常務の顔面は、蒼白だった。「全中から監査を取られては生きてはいけない」。ＪＡビル地下１階の中華料理店で油そばをすする彼の姿が今でも忘れられない。

実はこの数日前（谷口常務の話振りから、おそらく10月に入ってからのことであろう）に、農水省の皆川芳嗣事務次官から萬歳章全中会長に中央会監査の廃止通告が行われていたのである。

この時、筆者はこの話をにわかには信じることができなかった。何かの間違いではないか。仮にそれが事実でも農水省側のジャブのようなもので農協改革における一種の駆け引きではないかと思った。

谷口常務から中央会監査廃止通告の話を聞いたとき、それは何時どのような形で行われたのかを詳細に聞いておくべきだったと、筆者は今でもそのことを後悔している。それは、その日が結果的に中央会監査ひいては中央会制度廃止につながる歴史的瞬間だったからである。

だがその時、筆者自体がこの話を信じることできなかったし、信じたくはなかった。そのため、谷口常務からそのことを詳しく聞く気になれなかったのである。

後に述べるように、中央会監査廃止につながる監査廃止通告のXデーは関係者にとって都合の悪いことなのか、今もって明らかにされていない。この時の谷口常務の態度は、事態の深刻さを反映したものだった。

「どのようなことを書いてもらっても構わない」、こちらが心配するほどの激しい口調で戦う姿勢を見せた。谷口常務の態度からすると、恐らくこの時には、中央会監査廃止通告に対する全中の対応方針は決まっていなかったと推測される。

その後、２０１４年10月16日〜17日に開催された「ＪＡ愛知東セミナー」でのアピール文の採択を受け、新世紀ＪＡ研究会では10月27日に全中に対して要請活動を行い、そのなかで中央会監査廃止反対の「緊急全国ＪＡ組合長集会」の開催を提言した。

だがその時には、すでに対応した谷口常務の態度は一変していた。組合長集会の趣旨は理解したように見えたものの、共に戦おうという態度は見られず何の発言もなかった。

こうした谷口常務の態度の急変ぶりから察すると、10月14日から27日にかけての僅か13日の間（実際には10日間か1週間など、もっと短期間）において全中の中央会監査廃止通告への対応策が決められたと思われる。

中央会監査廃止通告への農協あげての対応、結果的には後の中央会制度廃止という重大案件が、たったこれだけの期間で決定されてしまったのである。通常、このような重大案件が、このような短期間で決まることなどありえない。

このことは、今回の農協改革における全中の戦略的対応のすべてを物語る出来事だった。それは、2007年の山田選挙以来、2014年の5月からの自民党との密室協議（インナー対応）と連綿と続いた自民党の全中支配の結果であり、対応協議にはそれほどの時間は必要がなかったのである。

この時議論された全中の対応策のポイントは、①中央会監査廃止通告に対して広く農協運動として反対運動を組織してこれを阻止するか、②すべての命運を自民党に委ねるかの瀬戸際の議論であり判断であったのであろう。

全中首脳の萬歳会長、冨士重夫専務以下の対応協議は、自らの組織の存亡に直結するものだけに真剣かつ深刻なものであったことに違いない。だが、この時すでに多くを山田議員と自民党色に染められていた全中執行部に中央会監査廃止反対運動のリーダーシップをとる力は残されていなかった。

最終的に全中首脳が頼りにしたのは山田議員からの情報であり、また山田議員の情勢判断だったに違いない。この時全中首脳と山田議員の間でどのようなやり取りが行われたかは不明である。

だが、少なくとも山田議員の口からは、「国会議員の地位をかけて命がけで最後まで戦うつもりだ。ともに廃止阻止に向けて戦おう」という言葉が無かったことだけは確かであろう。誰もそのような言葉を聞いていない。

導き出された結論は、中央会監査廃止反対運動の展開ではなく、これまでとってきた路線を踏襲する、すべてを自民党のインナーに委ねることだった。こうした農協改革への対応方向は、2014年の年末にかけて確実なものになっていったのではないか、というのが諸般の事情を勘案した筆者の見方である。

望むべくもなかったのであるが、ここで全中が全国の農協組合長とともに中央会監査廃止反対の狼煙を上げて運動展開していれば、勝算は全くなかったとは言えないのではないか。少なくとも王道の徹底した組織討議を行うべきだったし、仮に負けたとしても農協はそのことから多くのことを学ぶことができたであろう。

もちろんこうした情勢判断の根底には、今回の農協改革が農水省主導で行われてきたという事態の困難性もあった。過去の農協批判の際には、例えば中曽根首相による「農協の行政監察」や「住専問題」の時にも主務省たる農水省は常に農協の味方に付いた。今回は味方どころか農協改革を主導するのは、他ならぬ農水省そのものだった。どう考えても分が悪い。

この間の萬歳会長や冨士専務など全中首脳の心中はいかばかりなものであったか、察するに余りがある。参議院選挙で山田俊男という念願の自前議員を確保できたまではよかったものの、そのことが発端になって中央会制度廃止の芽が生まれ、それと併行して全中に対する山田議員・自民党支配が出来上がったなかでは、取りうる方途はこの道しかなかったのである。

２０１４年11月６日には、今日まで続く農協の自己改革案が全中から発表されているが、中央会監査廃止通告後にもかかわらず、自己改革案では中央会監査の継続が前提とされており、中央会監査廃止通告という深刻な事態は議論することすら封印されたのである。

全中会長は、中央会廃止通告という熱い球を持ち過ぎたという当時の全中常務（全国連派遣）の証言があるが、これは全中会長がこの問題を広く組合員討議にかけるのではなく山田議員を通じて自民党に委ねる道を選んだことへの揶揄ととれる。

年が変わり、２０１５年に入って事態は大きく動く。農協に中央会監査廃止反対運動の動きが起きないことを見定めた政府自民党は、一挙に勝負に出た。２０１５年2月8日に行われた、ホテルニューオータニでの政府与党と全中会長はじめ全国連首脳とのトップ会談で、中央会制度の廃止をとるか准組合員の事業利用規制を飲むかの「王手飛車取り」の勝負手を打ってきた。

この手を打たれた全中会長以下の全国連首脳は万事休す、やむなく王将たる准組合員制度を守るため中央会制度の廃止を受け入れたのであり、この瞬間において、農協は農協改革で完全敗北を喫する状況に追い込まれたのである。

付け加えれば8日のトップ会談は、2月12日に行われる安倍首相の通常国会冒頭の所信表明演説に「農協改革の断行」を用意するための措置だった。

前述したとおり、一方でこの敗北は単に敗北としては終わらなかった。戦いに敗北はつきものである。戦いが敗北に終わっても、その総括・反省が行われればそれを糧として組織は強くなる。だが全面的に支援を要請した自民党は、それさえも許さなかった。それどころか全中会長は自らの組織の廃止を宣告されたにもかかわらず、全国の農協組合長あてに、「これも自民党の先生方のお陰」とお礼の文書を出す羽目に陥っていた。

それにしても２０１４年の10月に行われたであろう中央会監査の廃止通告について、いまだそのXデーは明らかにされていない。当時の農水省の皆川事務次官から全中会長に対して行われた、１００年近い実績を持つ中央会監査の廃止通告は、全中や農協ひいては協同組合陣営全体にとっても歴史に残る一大事である。

その通告を受けて全中内でどのような議論が行われどのような対応策が考えられたのかは、当事者が果たさなければならない最低限の義務と思われるが、いまだにその議論の内容は不明のまま、闇の中である。

付言すると、萬歳会長の辞任表明に続き、健康上の事情を理由に冨士専務も辞任することになるが、その後任専務には、時を移さず谷口常務が昇格した。その年の8月には萬歳会長の後任会長が就任するという状況下での人事のドタバタ劇に、さすがにこの人事は一体誰がやっているのかと山田議員に対する批判の声があがったことは周知のことである。

自身もはっきり自覚していたように、昇格した谷口専務は、わずか3か月ほどで解任されることになる。

改正農協法は２０１５年8月に成立するが、この法律改正案に最終調印したのは、他ならぬ参議院の農林水産委員会委員長に抜擢された山田議員であった。自民党はしたたかに自ら専務理事を務め、選挙推進母体組織となっていた全中（中央会制度）斬首の介錯人役を山田議員に命じたのである。

これ以上残酷な仕打ちはないが、自民党にしてみれば、中央会制度の利用（悪用）によって国会議員になったのだから、制度廃止の最後の後始末も自分でやれということだったのだろう。

言い換えれば、中央会制度の悪用によって国会議員になった山田議員の役割は、中央会制度の廃止をもって終わったのである。その証拠にその後自民党は、山田議員を用済みとばかり、大臣や副大臣はおろか政務官にさえ起用していない。

山田議員の相手を利用する得意技は、自民党にとってもお手のものであり、それは山田議員より格段にうわ手で、次元を超えるすごさを持っていた。こうした仕打ちに意地を見せ、一矢を報いる山田議員の唯一の対抗手段は、中央会制度廃止を盛り込んだ改正農協法の参院通過のハンコを押す前の、国会議員としての辞任表明であった。

実際、山田議員は、選挙活動のすべてを中央会に頼ったのであり、他ならぬその中央会の存在根拠を奪う制度廃止法案に自らハンコを押すことなど、絶対にできなかったはずである。

山田議員にすれば、自分は選挙民によって選ばれた国会議員であると言いたいのだろうが、普通の選挙とは違って、山田候補に投票したのは、山田候補を支持したというより、中央会の指示に従って投票した人がほとんどだったのであり、そうした言い分は通らないだろう。

この時の責任をとらなかった山田議員の行動による影響は、その後広く農協組織全般におよんでいく。それは何よりも、中央会制度廃止の際全中副会長を務めた中家徹氏と飛田稔章氏の行動に象徴される。

中家氏は、全中会長として中央会制度廃止の反省に基づかない既定路線の自己改革運動を進めたし、飛田氏は、その後全国農政連会長として、信じ難い山田議員3選の舞台をつくった。

（注）山田議員は自身のブログのなかで、中央会制度廃止に関して自ら行った行為について、「悔しくて畳をかきむしった」と述べているが、農協にとってかけがえのない存在であった中央会制度の廃止に臨んで、山田議員の国会議員としての心構えがその程度のものだったのか、驚く他はない。

また、山田議員の政治信条については自らのブログなどで垣間見ることができるが、それは必ずしも首尾一貫したものではなく、状況に応じて都合よく述べられている感が強い。山田議員は後に政府の規制改革推進会議の非を唱えているが、当時彼はそれを推進した安倍首相を批判するような言動は一切とっておらず、それどころか当時の自身のブログなどを見れば、安倍首相に対して気恥ずかしくなるほどの絶賛の言葉を浴びせている。

山田議員のＪＡ全農職員に対する殴打事件はつとに有名であるが、その原因となったのは農産物の原産地表示厳格化の是非であり、当時自民党の食品業界の意見を代弁する立場にあった山田議員は、それに反対の立場をとった。このことに関して全農職員との間で起きたのが殴打事件であった。

〈コラム〉農協改革最大の山場～たった数日の結論

農協運動における戦後最大の事件であった中央会制度廃止の山場はどこだったのか、どの瞬間だったのかを知ることは、この事件に遭遇した農協関係者にとって最も興味のあるところだろう。

この点については、２０１５年2月に行われた政府与党とＪＡグループ全国連首脳とのトップ会談で政府から中央会制度廃止か准組合員規制かの判断を迫られ、萬歳全中会長がやむなく中央会制度廃止の決断を下した時をもって最大の山場とする見方が大勢のようである（もっとも、全中が主導した農協改革対応が終始自民党・インナーとの密室議論で行われたため、多くの農協関係者はそのことを知ろうとしないし、興味を持たない人が多い）。

だが実は、本文でも述べる通り、中央会制度廃止の決定的瞬間は、その前の２０１４年10月14日から27日にかけての僅か数日間であった。１００年近い歴史と実績を持つ中央会監査・協同組合監査がこうも一瞬のうちに葬り去られようとは、少しでも農協とくに中央会に関わった人間には、まるでキツネにつままれたような出来事であった。

この決定的瞬間において、最も重要な役割を果たすはずであったのは、山田議員であった。中央会監査廃止通告の報を受けた山田議員は、直ちに全中会長に向かって、「国会議員の地位をかけて全力で戦うので、農協の皆さんもともに戦いましょう」というのが当然の反応だっただろう。

それは自身の選挙にあたって地盤・看板・カバンを用意させ中央会制度をフルに使って国会議員となった山田議員としての当然の義務だったに違いない。中央会制度消滅の土壇場で、山田議員が全中会長の話を受けてどのような反応を示したのか伺い知れないが、筆者の耳にはそのような話は全く聞こえてこなかった。

（5）農協運動と政治

最期にもう一度、農協と政治の関係について考えてみる。なぜ今回の農協改革で中央会制度が廃止されたのか。それはアベノミクスによる農協潰しの一環であったというのが大方の意見のようである。それはそれで正しい一面もあると思うが、筆者にはどうしてもそうしたいわば図式的な考えには、にわかに同調することはできない。

それは自民党がなぜそこまでしたのかという疑問である。事実上行政によってつくられた中央会制度は、自民党にとっても使い勝手の良い組織であり、何が何でも潰す理由は見当たらない。

また、農水省にとっても当然のこと、行政の推進組織として便利な組織でもあった。農水省出身で、国会議員の経験を持つ大村秀章愛知県知事などは農協改革のさなか、日本農業新聞紙上で中央会制度の必要性を論じていた。

今になって農水省は、中央会制度を廃止したことを、やり過ぎと悔やんでいるように思える。自民党の力をもってすれば、中央会制度の存続はそれほど難しいことではなかったように思える。

にもかかわらずなぜ廃止になったのか。この点について、２００７年の参議院選挙の際、山田議員との農協の予備選に敗れて本選で落選の憂き目にあった福島啓史郎議員は、山口県宇部市の出身で、媒酌人は同県出身の安倍晋三首相の父親、故安倍晋太郎氏が務めている。

このことから安倍首相と福島議員は、安倍首相から見れば親子2代にわたる付き合いの関係にあった。この事情をみると、安倍首相が、自民党が公認して議員となった山田議員はともかく、選挙にあたって悪用された中央会制度の存在をよく思うはずがない。

まして安倍首相は、曲がったことを許さない一途な性格の持ち主であることは周知のことである。後に安倍晋太郎氏が福島議員の媒酌人であったことを福島氏自身の口から耳にした時、筆者にはこの謎の全てが解けたように思えた。

おりしも農協改革には、目に見える目玉が欲しい。そこで目をつけられたのが、中央会制度の廃止ではなかったのか。中央会制度の廃止は、アベノミクス推進の格好の材料にされてしまったのである。

以上のような事情から中央会制度の廃止について、安倍首相に対して自民党内では表立ってその反対を口にする議員は一人もいなくなったのではないのかというのが筆者の見方である。

山田議員が当選後、安倍首相の機嫌を損なうことを恐れ、ブログ等で安倍首相を盛んに持ち上げていたのはそうした事情をよく知っていたからと思われる。

こうした内容は、いわば政治の闇に属することで、今後とも明らかにされることはないと思うが、いずれにしてもここで筆者が言いたいことは、下手に政治に手を出すと、とんでもない仕打ちが待ち受けているということだ。農業問題を抱える農協にとって、政治は大変重要なことではあるが、それに対峙するにはよほどの覚悟・心の準備が必要である。

政治や政党は必要な存在であるが、われわれにとってそれは利用するものであって利用されるものであってはならない。よほどの覚悟・心の準備とは、その力を用意することに他ならない。

ともあれ、山田議員が初当選した2007年の参議院選挙以来、今日までの損得勘定をしてみれば、山田議員の得票数は45万票（2007年）、34万票（2013年）、22万票（2019年）と確実に10万票づつ減らしている。

（2025年夏に行われる参議院選挙は、山田議員の後継者を選ぶ選挙として全中が一般社団法人に移行してから初めての選挙となる。このトレンドを断ち切って候補者の当選を期すには、農政連や農協関係者の余程の奮起が必要である）。

またこの間、TPPなど農産物貿易の全面自由化、農協運動の司令塔たる中央会制度の廃止等が進められた。誰が見ても、農協にとって明らかなマイナス勘定であった。そして今後、その後遺症は限りなく大きく、不可逆的なものとして農協におよぶことになる。

農協は山田議員について一体何を求め、これに対して山田議員はこれにどう応え、それはどのような理由に基づくものだったのか。この素朴な問いに対して農協界に何の議論もないように見えるのはどうしたことであろうか。

今回の中央会制度の廃止は山田議員無くしては語れず、むしろその主役を務めた。その意味で山田議員の名前は農協関係者の間で忘れ去られることはないだろう。このことについて、全中関係者は「一将功成りて万骨枯る」と評している。

それにしても山田俊男という人物が全中の常務・専務として10年、参議院議員として

３期18年、都合28年の長きにわたって事実上、農協界のトップに君臨し続けたという事実はどのような理由によるものなのか。それは、山田議員個人の資質に帰せられるにはあまりにも大きく、結局は既得権益維持を求めた農協組織の総意と言っていいだろう。

現職の国会議員が、これほどまでに露骨に出身組織に影響を及ぼした例は寡聞にして知らないが、それは一方でそうした議員の資質を受け入れた政治崇拝の農協の組織風土があったからに違いない。それは、長年にわたって政治に期待し、それを裏切られ続けてきた屈折した農協の政治崇拝の姿でもあろう。

しかし、そうした組織の権益維持のみを求める運動は、決してその組織の真の存続発展にはつながらない。それは、会社組織であれ、協同組合組織であれ、同じことである。

以上に述べた山田選挙を起点とした農協改革への対応からわれわれが学ぶべき教訓は、協同組合原則が掲げる自主・自立の農協運動の確立に他ならず、自主・自立の農協運動とは、一方的に政治や制度に依存しない農協活動であり、新たな農協理念に基づく農協運動の展開である。

〈コラム〉究極の自己都合と制度依存

中央会制度廃止の最終攻防において、印象的だったのは「貴方はなぜ中央会制度の廃止に異を唱えているのか、政府がこの制度はもういらないと言っているのだから、それに従えばいいだけのことではないか」。筆者に向けられたこの発言は、首都圏で信用事業を主とする農協組合長の言葉であった。

この言葉に筆者は猛烈な義憤を感じたが、冷静に考えればこの組合長は率直に自らの心情を吐露したに過ぎないことがよく分かった。考えてみれば、戦後ＧＨＱのもとで進められた農地改革と農協制度のおかげで、戦後第１世代の組合長は大変な恩恵を受けた。

農地解放で手にした農地（高度経済成長による都市部の農地価格の高騰）によって一財産を築き、また自ら地方の名士として農協組合長にも祭り上げられた。この組合長は農地改革と農協制度のおかげで、夢のような生活を手に入れたのである。

まさに政府様々、今さら政府の意図に逆らうことなど思いもよらぬことであったに違いない。こうした農協組合長の心境は、都市化地帯の農協組合長にとって共通するものではないだろうか。だがこうした小市民的ともいえる農協長の姿は、一方で大変みっともないことのようにも見える。そこには農地改革と農協制度が本来的に目指した日本農業の振興という観点が完全に抜け落ちているからである。

資本主義社会における農業問題はどの国にとっても重要課題になっている。したがって、農業問題には公的セクター、営利セクター、非営利セクターがともに手を携え全力で事に当たらなければならない重要課題である。

こうした観点で見ると、中央会制度は農協が農業振興の役割を果たすために必要とされた行政と農協を繋ぐまさに要の制度であった。前述の組合長の意見は、自分さえよければそれでよしとする誠に身勝手ものと感じられる。

山田議員は、こうした小市民的な意見を一方で体現・利用しつつ国会議員としての地位保全という観点から行動をとったのであろうが、それは中央会選出の国会議員として適切なものであったのか。むしろこうした意見を真っ向から否定し、中央会制度廃止反対の戦いの先頭に立つことが求められたのであっただろう。

（6）自己改革と政治

中央会制度崩壊の顛末について、とくに山田議員との関係について述べてきたが、さらに山田議員3選問題を中心に全中が進めた自己改革と政治の関係についても述べておきたい。２０１６年の農協法改正施行後、5年間の組織、事業見直し期間において、農協にとっての最大の課題は、准組合員制度を手付かずのまま守ることだった。

ここで農協がなすべきことは、その改変を許さないロビー活動と、もう一方で重要だったのは准組合員対策について、新たな農協理念の構築を含めた農協運動の展開について問題提起を行い広範な組織討議を行うことであった。

別の箇所でも述べたように、２０１５年から今日までの9年間、全中は自己改革の名のもとに従来路線継承の農協運動を続け、新たな農協運動展開を議論すべき貴重な期間をむざむざ放棄し、ひたすらロビー活動に終始した。その経過は「第3章　准組合員制度」のなかで述べた通りである。

中央会制廃止の総括・反省を行わなかった象徴的な出来事は、山田議員の参議院議員選挙3選であった。２０１９年夏に行われた参議院選挙では、大方の期待に反して山田議員が三度（みたび）出馬することになった。

中央会制度の廃止に至る経緯を踏まえれば、その後の3選出馬は山田議員自ら当然辞退すべきであり、それはとても正気の沙汰とは思えなかったのであるが、大方の反対を押し切ってそのことがまかり通ってしまった。

自民党の党内規約である70歳定年の特例まで使って3選出馬することについては、さすがに長年連れ添った側近のなかからも制止する意見が出されたが「何を言うか」と一喝されるありさまであった。

一方で、全国農政連（当時の会長は、中央会制度の廃止が決まった時の飛田稔章全中副会長・北海道農協政治連盟会長）や全中の判断は、70歳定年の例外は農協がよければ目をつぶってもよいという自民党の意見に従ったもので、主体性を欠くものであった。

結果は、比較的安全な候補ということで、組織内予備選の結果、黒田栄継候補を破り山田候補が3度出馬することになった。ここでも農協幹部の責任回避・農協組織の既得権益確保が優先され、若手の政界進出は阻まれたのである。

２０１９年夏の参議院選挙で山田議員は3選を果たしたが、その原動力となった全中はその年の9月30日に一般社団法人となり中央会制度としての命を絶たれた。このことは、全中と山田議員が、最後まで中央会制度をお互いの利益を利用する舞台に使ったことを象徴する出来事だった。

この間の事情を見ると、選ぶ方も選ばれる方もお互いが自らの利益や都合ばかりを優先し、当事者間に確固たる政治的信条や協同組合指導者としての矜持がなければ、組織はその影響を受けて限りなく腐敗していくことを物語っている。

こうした組織と政治家との関係は、組織とその組織を担う個人との関係に置き換えてみても、どこの組織にもみられる共通したものと思われるが、制度に守られている農協の場合その現象が誠に顕著であった。

筆者は2018年の暮れに、懇談の機会を得て当時の中家徹全中会長に対して全中として山田選挙とは一線を画すべしと箴言したが聞き入れられることはなく、逆にそのあたり前の意見を糾弾される始末だった。

この時期は全中がまだ一般社団法人に移行していない時期でもあり、中央会制度を選挙活動に使った愚について多少の反省の弁も聞かれると思ったが、そのようなことは微塵も感じられない対応だった。

本選の2019年の参議院選挙では、前例通り全中から山田選挙事務所に正規職員が派遣され、その論功行賞人事が公然と行われたが、全中内にそのことを正す力は残されていなかった。

選挙結果は、当選は果たしたものの、前回の得票からさらに12万票を減らして敗北した。

一方で、当選後も引き続き、全中職員が山田議員事務所に派遣されている。全中は制度を悪用し、自ら選挙活動に使ったことで中央会制度を失ったが、ことについて何の痛痒も反省もないようである。

この結果、全中指導による農協運動はますます自民党依存を強め、最早それは農協運動とは言えないものになっている。25年ぶりの「食料・農業・農村基本法」改正についても、農協段階で農業振興についての現場の熱い議論は乏しく、自民党の意向に沿った要請活動が目立つばかりであった。

全中の体制に異議を申し立てるつもりは毛頭ないが、中央会廃止決定の際の当時の全中萬歳会長・冨士専務を除き、２０１５年の農協法改正後も山田議員の行動規範を見習って、当時の責任者が引き続きその中枢を担って来ている現状からは、新たな農協運動の方向付けなどできるはずはない。

〈コラム〉山田議員3選出馬の意味

山田議員の3選出馬は、中央会制度がなぜ廃止されたのかを確認・象徴するできごとだった。山田議員は中央会制度を利用して国会議員になったし、また選ぶ方の農協もそのことを許した。両者とも自らの行為を中央会という制度に依存し、これを利用（悪用）した点では同じである。

中央会組織は、国で定められた公的機関である。それは、選挙活動はおろか、農政活動にも一定の制約を受ける組織であった。このことからすると、中央会を選挙活動に使うこと、それも組織の自前候補選出のための国政選挙の道具に使うことなどは、あってはならないことだった。

このため、それまでは農政連が推す候補は、ほとんどが農水省の事務次官を務めた大物官僚だったし、中央会組織は選挙には決して手を出すことはなかった。この組織を管轄する農水省にとって農協の選挙利用、それも農水省出身の現職の議員を追い落としてまで中央会組織を選挙の道具に使ったことはまさに驚天動地のことであり、自分の指導不足を認める怒り心頭の行為であった。農水省がそうした組織はもはや不要と判断したのは当然の帰結だった。

山田議員3選出馬について中央会制度はなぜ廃止されたのか、その総括・反省があれば全国農政連は、山田議員を候補として推薦しなかっただろうし、山田議員自身も出馬を辞退したであろう。ところが中央会制度廃止の総括・反省を自民党は認めなかったし、全中も行わなかった。

ならば、全中および山田議員ともども、この制度を最後まで徹底的に利用してやろうと考えたのが、2019年夏に行われた参議院選挙だった（この選挙の後、同年9月末をもって全中は、一般社団法人に移行している）。

とくに中央会制度に依存して農協運動を展開してきた全中は、最後の最後までその姿勢を捨てなかった。当時の全国農政連会長は、参議院議員の70歳定年の例外は、農協が山田議員を推薦すれば目をつぶるという自民党の判断に素直に従ったし、そのことは、自身の存在が中央会制度廃止の大きな要因になったことを認めたくない、あるいはそのことが明らかになることを恐れた山田議員の思惑と一致した。

この結果、黒田候補は予備選で敗退して若手の政治進出は阻まれ、山田議員は当選したものの結果は見事な敗北ということになった。山田議員は40万票の夢よもう一度と、全中幹部にはっぱをかけたが、最早呼応する人はほとんどいなく遠く及ばなかった。

山田3選を推進した全中や全国農政連は、その理由をひとえに准組合員制度の改変阻止のためと言いたいのだろうが、選挙において准組合員問題に関心を寄せる農協の有権者はほとんどいなかった。

第2節　新たな農協論の確立

1．職能組合論と地域組合論

職能組合論と地域組合論は、第２次大戦後、農協研究で今日まで戦わされた代表的な農協論である。この議論は、１９６０年代からの日本の高度経済成長の下、都市化の中で農協の准組合員が増え、信用・共済事業が大きく伸長することで、農協はどのような組織なのか、その性格が問われることで表面化した。

職能組合論の主張は、農協は農業振興という目的を持った組織であり、その主役は主に専業農家であり、農産物の販売が主たる業務となる。

念頭に置かれるのは、農産物生産・販売の専門農協である。職能組合論の旗頭は、佐伯尚美東京大学名誉教授（元農林中金調査部・１９２９～２０１８年）であった。佐伯教授は「地域原理とは、それのみをもってしては協同組合形成の基本原理となりうるものではない。

地域原理という言葉によって意味されるものは、同一地域に居住することによって生ずる一般的な人間的連帯感ないし親近感であり、単にそれだけのことである」「およそ経済的要因（いわゆる職能原理）によらない組合など論理的に存在するはずがない」として地域組合論を排した。

これに対して、地域組合論を主張したのは鈴木博長崎県立大教授（元農林中金調査部・1932～2010年）であった。鈴木教授は、わが国の農協はもともと一元的な職能組合ではなかったとする。

そして、准組合員制度に着目して、この制度によって農協は地域内の居住者をその職業のいかんにかかわらず組織することができた地域協同組合として発展してきたのだと主張した。

また、協同組合の結合原理について、協同組合の組織化の軸となるものは、生産・生活のそれぞれの場における具体的な協同活動そのものであり、佐伯教授の言うような特定の職能に限られるものではないとした。

1983年には、鈴木博編著による『農協の准組合員問題』（全国協同出版社刊）が発刊されている。ついでに述べれば、職能組合論では農協からの信用・共済事業の分離が提唱され、また組織については農協合併による規模拡大ではなく、全国連が本店で農協はその支店という姿が望ましい形と考えられた。

一方、地域組合論では信用・共済事業兼営の総合農協が推奨され、組合員の協同活動の舞台強化のための単位農協の合併と連合会のスリム化が唱えられた。この議論を振り返れば、職能組合論は農協の機能体からの主張、地域組合論は農協が持つ共同体の側面からの主張と受け取れる。

もともと協同組合は、ドイツ語でゲノッセンシャフト（Genossenschaft）と言い、共同体（ゲマインシャフト・Gemeinschaft）と機能体（ゲゼルシャフト・Gesellschaft）が統合された概念による組織である。

このうち、職能組合論は、農協の機能体の側面を、地域組合論は農協の共同体の側面を強調したものと受け取れ、したがって、理論的に見れば両論にはそれぞれに合理性があると思われる。

これまでの農協論は、職能組合論と地域組合論を軸に議論が戦わされてきたといって過言ではなく、こうした農協論を今後どのように考えていくのかは、今回の農協改革が提起した最も大きな課題である。

その理由はこれから述べるが、この議論の今日までの帰趨をみると、結論的には地域組合論の圧勝に終わった感があった。それは、地域組合論が何よりも現実の農協の発展をうまく説明できたからに他ならない。

今日までの運動過程で、農協は職能組合論者が唱えるような専門農協になることはなく、信用・共済事業兼営の総合農協として、また准組合員の加入によって大きく発展してきたからである。また多くの専門農協は、相次ぐ農産物自由化のなかで経営的に苦境に立たされ、総合農協に包含・吸収されてきた。

このように、職能組合VS地域組合の論争は、理論面はともかく実態面での説明力において地域組合論が勝り、職能組合論は退けられてきた。多くの農協では、農業振興というより地域における協同組合・協同組織の力が強調され、メンバーシップ運営のもと、信用・共済事業兼営の総合農協として比類なき発展を遂げてきたのである。

農協論では、その多くが職能組合論と地域組合論の中間の立ち位置をとる学者・研究者が多く、このうち、どちらかと言えば職能組合論に近い立場をとったのが太田原高昭北海道大学名誉教授（１９３９～２０１７年）であり、中間かむしろ地域組合論よりの立場に立ったのが藤谷築次京都大学名誉教授（１９３４～２０２２

（図１）戦後農協論の系譜

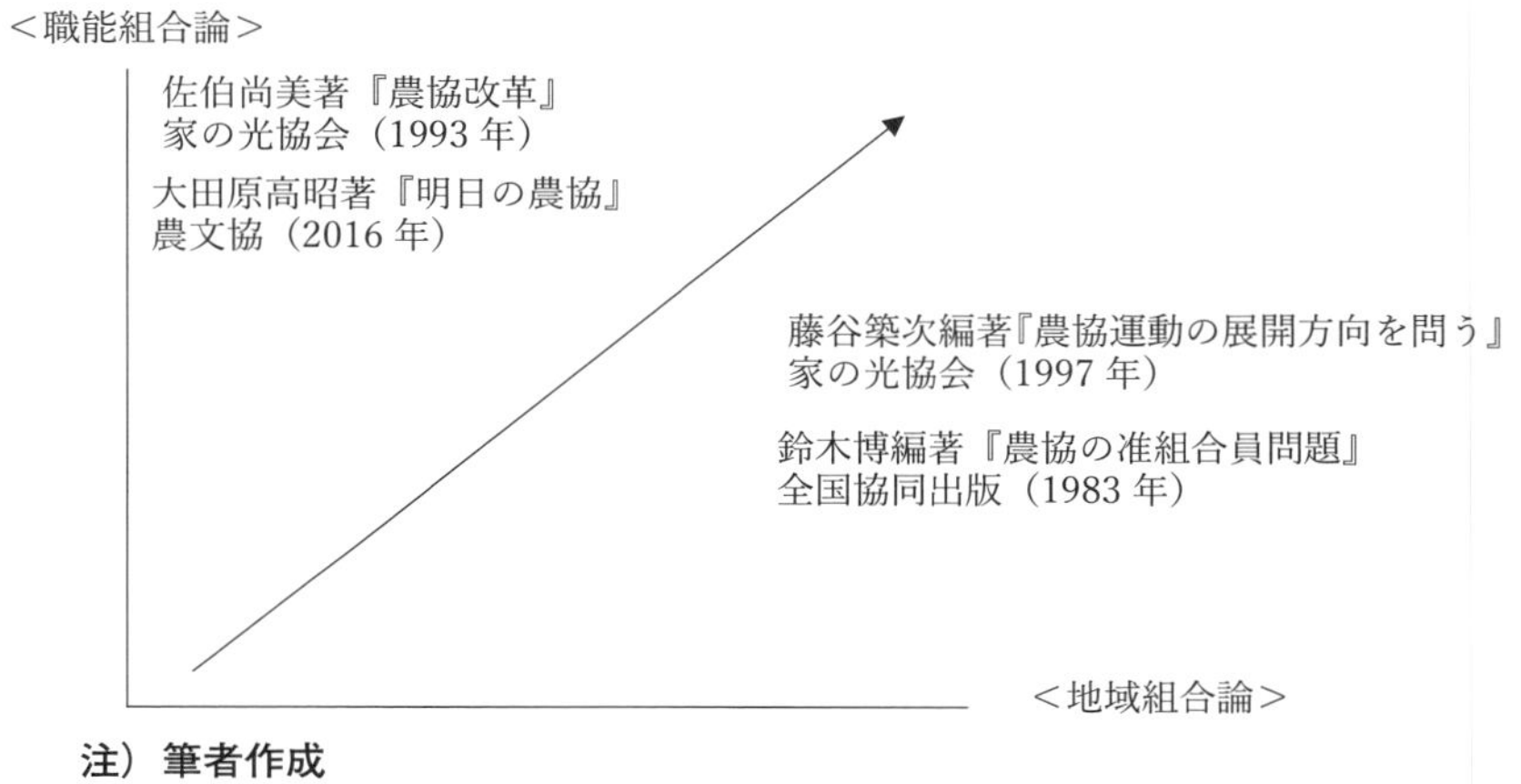

<職能組合論>

佐伯尚美著『農協改革』
家の光協会（1993 年）

大田原高昭著『明日の農協』
農文協（2016 年）

藤谷築次編著『農協運動の展開方向を問う』
家の光協会（1997 年）

鈴木博編著『農協の准組合員問題』
全国協同出版（1983 年）

<地域組合論>

注）筆者作成

年）であった。

ただし、職能組合論と地域組合論にしろ、厳密な定義があるわけでなく、大田原教授が職能組合論に近いと言っても厳密な意味で職能組合論者ではなく、藤谷教授が地域組合論に近いと言っても厳密な意味で地域組合論者ではない。両者の違いは、単に前者が農協の農業振興面を後者が農協の地域振興面を強調しているのに過ぎないように思われる（図1）。

これまでの農協論としては、こうした職能組合・地域組合論のほかに、協同組合を共通する一つの協同組合法にまとめ、そのもとで自由に職能組合を組成しようとする炭本昌哉著『デフレ・自由化時代の協同組合』農林統計協会（1999年）や生産者・消費者の枠を超えた協同組合を構想するものとして、河野直践著『産消混合型協同組合』日本経済評論社（1998年）等がある。

本書で述べる農協論は、これまでの農協論の到達点ともいえる河野茨城大学教授の産消混合型協同組合論に近い考え方ともいえるが、産消混合型協同組合が農協法に代わる新たな法制度を想定しているのに比べ、あくまで現在の農協法のなかで新しい農協の姿を考えて行くものである。

また、経営組織論の観点から農協を論じたものに、宮島三男著『新農協論講話』全国協同出版（１９９３年）、有賀文昭著『農協営の論理～その土着的安定性』日本経済評論社（１９７８）等がある。

これまでの農協論が職能組合論と地域組合論をもとに展開されてきたのは、農協の活動が総合農協制度と准組合員制度によって保証されていたことと無関係ではない。だが今回の農協改革を通じて、こうした農協の制度的基盤は必ずしも盤石ではないことが明らかとなった。

農協論研究においても今後は、従来の職能組合論と地域組合論を超えた、経営組織論的な観点からの研究が求められている。それにしても、協同組合論や農協論において若手研究者が育たず、議論が低調なのは大変残念なことである。

ことに農協論においては、大学の農業関係学部で専門講座があるのはどれぐらいの数であろうか。一般企業でも人口減少のなかで、若者が職場における生きがいを見いだせず、農協でも離職者が絶えず大きな問題になっている。農協とはどのような組織なのか、社会においてどのような役割を持っている組織なのか、役職員にとって農協論の確立は重要な今日的な課題である。

ともあれ、職能組合論と地域組合論を軸に戦わされてきた農協論は、地域組合論に軍配が上がりそれは農協理念として定着していった。地域組合論は「ＪＡ綱領」の説明にもその理論的支柱として使われ、とりわけ農協は人々の助け合いに基づく協同組合であることが役職員の共感を呼んだ。

「JA綱領」は、今では農協で大変なじみの深い存在となっており、農協の総会資料等に必ず掲載され、各種の会議等で冒頭に唱和されることが多い。そうした意味で、筆者は地域組合論が農協役職員の意識高揚、農協活動の活性化に大きな貢献を果たしてきたということに異論を挟むつもりはない。

こうした農協の実状に地域組合論者の多くは、職能組合論VS地域組合論の議論はすでに決着がついたことだ、今どき職能組合論を主張するなど何の意味もないと考えている。だが、こうした盤石に見えた地域組合論にも大きな弱点があることに農協関係の多くの人は気づいていなかった。

あるいは気づいていてもそれを問題にする人はいなかった。地域組合論に大きな問題があることに気づかされたのは、他ならぬ今回の農協改革で准組合員制度の改変問題が提起されてからのことであった。

2. 職能組合論・地域組合論の止揚

これまでの地域組合論に限界があることについては、序章ですでに述べた通りである。復唱すれば、その一つは准組合員制度の存続と引き換えに中央会制度を失ったことであり、もう一つは政府の農協政策の転換であった。

本書でたびたび指摘するように、政府（規制改革推進会議）から准組合員制度の改変が提起され、農協陣営は慌てふためいた。その挙句の果てが、准組合員制度の改変と刺し違えた中央会制度の廃止だった。

このことは、農協が准組合員に関する対応について理論的にも実践的にも説明ができなかったことを意味する。この問題にきちんとした説明ができれば、農協は何も慌てることはなく、全中会長は、中央会制度の廃止も准組合員制度の改変も二つともきっぱり拒否すればよかった。

准組合員対応について全中が説明できなかったことの最大の原因は、農協が准組合員制度に依存し、自分の都合の良いようにこの制度を使ってきたことによる。農協が地域の人達を准組合員にしたのは、ひとえに農協の員外利用制限逃れ・事業利用拡大のためにとった措置であって、協同組合の仲間として加入をすすめたのでもなければ、農業振興のためでもなかった。

農協としての存在意義は言うまでもなく、農業と協同組合にある。准組合員の存在を農業振興の面からも協同組合活動の面からも説明できなければ、政府提案を拒否できるはずもなかった。

全中が自己改革運動のなかで後になって主張したのは、農協が准組合員制度を持つことで、地域のインフラ機能を果たしているといういわゆる地域インフラ論であったが、もしそのことに確信があるなら、中央会制度の廃止か准組合員制度の改変かの大手飛車取りに会った緒戦の攻防戦でそれを持ち出せばよかったのだが、それはできなかった。

（注）准組合員問題に対する理論的・実践的な説明とは、理論面では准組合員と農業とのかかわりをどのように説明するのか、言い換えれば今後の農協理念をどう考えるか。実践面では准組合員をどのように協同活動に参加してもらうかの説明を意味する。

准組合員と農業とのかかわりについては、准組合員は農業振興の貢献者であること、協同活動への参加については、准組合員の農業振興の意思を明確にして、制約付き議決権を付与するなど踏み込んだ対策が必要になる。

かくして、中央会制度の廃止を防ぐことができなかった准組合員存在の理論的根拠とされていた地域組合論は、この時点で実際的に破綻をきたしたと言えるのである。

一方、地域組合論や職能組合論にしろ、農協の現場ではそれを念頭において仕事が行われているわけではない。全国連の役職員でもこうした議論に関心を持つ人は皆無と言ってよく、農協の組織的性格づけなどは多くの人にとってどうでもいいことである。

本書を通じて、今の全中の方針は農協法改正の趣旨とは違う法改正前の地域組合路線によって運動が進められているのは問題だと指摘しても、これに反応する人は少ない。何となく農協は地域組合だと認識していることに多くの人は納得しているようにも思える。だが、それはそれとして、地域組合論が持つ最大の弱点、もしくは危険性は、農協は必ずしも農業振興を目的とする組織ではないことを多くの人に潜在意識として植え付けることである。

地域組合論については、例えばその代表論者ともいえる北川太一摂南大学教授によって、度々、レイドロー報告「西暦２０００年における協同組合」（１９８０年）が引き合いにだされ、「農協は必ずしも農業振興を目的とする組織ではない」という論陣が日本農業新聞紙上等で張られている。

北川教授からは、その真意は農協が持つ協同組合としての性格を強調したもので、農業振興の重要性を否定するものではないと即座に反論されそうだが、厳密な地域組合論（二軸論）に立てば、その主張は全く正しいもので弁解不要なものである。

一方で、地域組合論と言ってもその受け止め方は人様々で幅が大きく、一般的な意味で農協が地域性を持つ組織であると主張することに問題があるわけではない。だが、その認識の延長線上で、これも何となく農協は必ずしも農業振興に力を入れなくてよいのだという認識が広く農協の役職員のなかに広まっているように思われるのは、何としても払拭しなければならない重大事である。

また一方で、地域組合論をめぐる情勢変化の中で、研究者の間でこれに代わる議論が活発に行われている気配はない。議論が低調な中で筆者の目を引いたのは、増田佳昭編著『制度環境の変化と農協の未来像~自律への道を切り拓く』昭和堂(2019年)である。

編著者の滋賀県立大学増田佳昭名誉教授は代表的な地域組合論者であるが、増田教授はこのなかで、地域組合論の立場から今後の農協のあり方について次のように述べている。

今回の農協改革は「基本的には農業という職能的目的を全面に推し立てて、農協を〈農業者の協同組合〉として純化させ、またJAの総合事業から信用事業を分離して本体の経済農協化あるいは専門農協化をすすめようとする」ものであり、「改正農協法が描く農協の未来像は、いわゆる日本型総合農協から農業者の運動組織的性格を〈引き算〉し、さらに信用事業を〈引き算〉して描かれるものである。現在の農協が持つそれらのバイタルな部分を差し引いて、結果として残る経済専門農協に大きな期待は抱けないのではないか」。

ここで述べられている内容を考えると、増田教授がどこまで厳密な意味での地域組合論（二軸論）に立つのかどうか定かではないが、少なくとも従来の地域組合論を前提として、そのもとでの解決策を求めようとしていることは確かなようである。

この論評のなかで対峙されているのは職能組合論であるが、従来の職能ＶＳ地域組合という図式で今後の農協問題を解決していくことは難しい。筆者も総合農協や准組合員制度は農協運営にとって不可欠なものと思うが、それは農業振興という大義名分のもとに使われるべきであって総合農協という組織維持のために使われるべきではないと考える。

総合農協に与えられた信用事業兼営、准組合員制度などは一種の権益である。増田教授が述べる引き算論は、専らこの権益からの引き算ととられないだろうか。信用事業兼営、准組合員制度はいずれも一般企業でも協同組合（漁協は除く）でも認められていない特別な仕組みである。

したがって、組織維持、既得権益維持の姿勢ではこの仕組みを守っていくことは難しい。農協は当然のこと農業振興を旨とした組織であり、議論は組織維持のためというより、農業振興のためという視点ですすめることが重要であろう。

そのためには、増田教授が説明する総合農協からの引き算という発想より、農業振興分野についての農協活動の足し算、掛け算として今後の対策を考えることが重要なポイントと考えられる。

ひるがえって、職能組合論や地域組合論にしろ、農業振興を担うのは直接農業生産に携わる農業者であるという概念に立っていることでは共通している。

職能組合論や地域組合論を止揚するには、こうした農業振興に関する概念規定の見直しが必要になる。農業振興に関する概念規定の見直しについては、「第6章　農協運動の転換」で述べる。

第3節　無力だった協同組合論

1．なぜ中央会監査は廃止されたのか

この項では、中央会制度の廃止と同じく農協改革での最大の出来事であった中央会監査から会計士監査への移行について述べる。中央会監査は公認会計士による会計士監査とは一線を画し、産業組合以来およそ100年にわたって続けられてきた組織の内外に誇る協同組合監査というべきものであった。

こうした中央会監査の廃止について、農水省から当時の全中会長に通告後、わずか数か月で当面の間、准組合員制度の改変を行わないことを引き換えに農協陣営はこれを認

めた。それは中央会監査を含む中央会制度そのものの廃止という熾烈なものだった。このことをわれわれはどのように理解すればいいのであろうか。

中央会監査の廃止について、筆者はこれまでに述べた中央会制度の政治利用による自民党の農協支配や農協はじめ関係者の協同組合に対する理解が進んでいれば、これを受け入れることはなかったと考えている。

だが、実際に全中がとった中央会監査廃止反対の戦略は自民党インナーとの密室交渉であり、この経過については「本章　第1節　自主・自立の農協運動」で詳しく述べた。その一方で、理論的な面で全中が前面に押し出した反論の根拠は業務監査であった。

全中が前面に出した対抗理論としての業務監査については、中央会監査は会計士監査とは違って経営指導と監査が一体に行われて成果を生んでいる。経営指導と会計監査が一体に行われている業務監査と会計士監査とはその性格が違うというものであったが、この反論は農協陣営の反対運動にとって、必ずしも有効なものではなかった。

こうした農協陣営からの反論に対して、政府等からは、経営指導と会計監査を分離してそれぞれの独立性を確保することが会計士監査の特徴であり、それゆえに公平性を保っている。

したがってこれを一体的に行う中央会監査は適切ではないと返されたのである。つまるところ、農協陣営は中央会監査について、会計士監査とのイコールフッティングの大義名分論を覆すことはできなかった。

イコールフッティング論を覆すことができなかったのは、農協が中央会監査は、協同組合監査であるというしっかりした認識を持っていなかったこと、常日頃からその認識に基づいて監査基準を見直す努力をしてこなかった報いでもあった。

中央会監査廃止反対の理論面での対処の正解は、２０１４年の年末に、全中が自己改革案を発表した後の記者会見で当時の冨士重夫全中専務が述べた内容にあった。そこで述べられた内容は、中央会監査は会員たる組合員へのサービスが適切に行われているかどうかを目的とするもので、不特定多数の投資家の利益を守るために、その判断材料を提供する会計士監査とはその目的が違うというものだった。

この反論は前述の業務監査論とは違って、監査の合目的性を問うもので、協同組合監査の正当性を主張する全く正しいものであったが、時すでに遅かった。

中央会監査の廃止について反対運動が功を奏さなかったのは、全中がこれを政治問題として解決を図ろうとしたことに主な原因があるが、それとともに農協において協同組合監査に対する理解が不十分だったことが要因に上げられるであろう。

後に述べるように、協同組合に限らずあらゆる組織の運営は、①理念、②特質、③運営方法の三つの要素によって行われる。これらの三つの要素は相互に関係を持ち、互いに切り離すことができないものであるがこのうち、とりわけ運営方法は組織にとって特別に重要な意味を持つ。

その内容は次項で詳しく述べるが、協同組合には協同組合としての運営方法があり、中央会監査は協同組合としての運営方法が適切に行われているかどうか、そのことを判断するものであったのである。

監査基準とは、監査を行う際に監査人が持たなければならない判断の基準であり、言い換えれば、農協がいかに協同組合らしい運営を行っているかの判定を行う際の物差しである。

運営方法は農協にとっても最重要な課題であり、協同組合としての農協がどのような運営を行っているのかを見定めるのが中央会監査であり、農協がどのような運営方法をとっているのかの判定基準・物差しは監査基準であった。

後述するように協同組合としての農協は行政組織や競争組織とは独自の運営方法を持つ組織であると理解すれば、その運営方法の判断基準たる監査における監査基準も別にあるはずであった。

他の組織と比較すれば、それは協同組合～中央会監査、会社組織～公認会計士監査、行政組織〜会計検査院検査のもとでのそれぞれの監査基準ということになる。

ところが、中央会監査で実際に使われていた監査基準は、競争原理に基づく会社組織における会計士監査のものと基本的に同様なものであった。こうした観点でこの問題を考えれば、冨士専務が主張した中央会監査の合目的性について、それが全く正しいものであったとしても、他方では、その目的を達成する組織独自の運営方法に関する監査基準を持ち合わせていなかったことで説得力を持たなかったといえるのである。

監査の目的が違うという全中の主張に対する農水省の対応・答弁は、同じ協同組合における生協（消費生活協同組合）監査においても、2007年からすでに会計士監査が義務付けられているというものであった。

生協は戦後に急成長を遂げた組織であり、農協に比べて平均的に見れば会計処理に不安が残る組織で会計士監査の必要性があったのかも知れないが、そうした事情は無視された。

生協においては、もとより農協が産業組合以来持っていた協同組合監査制度のようなものがあるはずもなかった。

他の協同組合組織も会計士監査が導入されているという理屈は、いわゆるイコールフッティング論と言われるもので、筆者は後に、当時の全中の組織代表幹部からこれに対抗できなかったという話を聞かされたが、そのことは農協において中央会監査が協同組合監査であることの基本認識に欠け、常日頃からその感覚を磨いてこなかったことによるものであったのだろう。

「第3章　中央会制度」のなかで述べたように、戦後の農協では整促7原則に謳われた①系統利用率の向上、②共同計算、③現金決済などは、当時の農協における一種の監査基準ともなっていた。

つまるところ、農協においては協同組合的運営が行われているかどうかについて、中央会監査を通じて行政による指導が行われていたという側面があった。こうした事情を考えれば、中央会監査において、当初は協同組合としての運営面での監査基準もしくはそれに準ずるものが色濃く存在していたが、農協における会計面の専門化・高度化等が進むなかで徐々に一般の会計士監査の監査基準の全面的な採用が求められて行くようになったと考えられる。

協同組合監査基準は、制度によって与えられるものではなく、協同組合の現実の活動のなかから考えていかなければならならず、中央会監査が廃止されても引き続きそのことが研究されて行かなければならないだろう。

農協法改正（2015年）後の新世紀JA研究会のセミナーで、井上雅彦公認会計士（有限責任監査法人トーマツ）が非営利組織の監査のあり方や、将来的なそうした監査組織の組成の夢を語られていたのが印象に残る。

もちろん、農協（協同組合）といっても一面では経済団体なのであり、会計面においては、多くが営利企業を対象とした会計士監査基準に従うことが多いが、それでも返還請求権のある出資金は負債であるという、一般の企業会計とは異なる面を協同組合は持っている（協同組合においては自己資本）。

協同組合は機能体と共同体が統合された組織という特色を持っており、まして共同体の運営面（協同活動）における監査基準は、一般の企業会計監査とは全く異なる側面・分野を持っている。

全中は中央会監査の廃止から教訓を学び、みのり監査法人と協同組合（農協）の監査基準のあり方について検討と続けるべきだし、ＪＣＡ（日本協同組合連携機構）などでも記念式典や協同組合連携の会合だけでなく、協同組合監査基準の研究等を日常的に行うべきであろう。

以上、中央会監査廃止にかかる農協サイドの対応の反省点について述べたが、そのもとになっている協同組合に対する筆者の理解については、全て全中を離れてから学んだものである。筆者としても、なぜ全中時代に協同組合に対する学習・理解を深め、農協独自の監査基準の策定に努力しなかったのか大いに責任を感じている。

中央会監査は誇るべき協同組合監査制度であったが、制度を守っていくには、時代の変化に合わせて自ら制度の内容に工夫を凝らし、それを進化させていかなければならない。中央会監査の廃止は、そのことをわれわれに教えている。

２．協同組合とは

次に、中央会監査廃止を契機に協同組合とは何かについて考えてみたい。こうした失敗に学ぶことこそが、農協改革を通じてわれわれに課せられた課題と考えるからである。２０２５年は、２０１２年に続く２回目の国連による国際協同組合年（スローガン：よりよい世界を築きます）であるとともに、協同組合原則の改定も想定されており、これを機会に協同組合に関する理解を深めていくことが重要である。

ここで注意すべきは、協同組合がおうおうにして自らの組織権益維持の方便に使われることである。こうした傾向はとくに制度で守られている農協において顕著である。農協は農業問題を抱えているだけに多くの課題を抱えている。

ここで逃げ道に使われるのが協同組合である。農協の経営理念を掲げた「ＪＡ綱領」でも前文に協同組合原則が引用されているが、農協はきれい事の単なる理想の追求だけではなく、具体的な社会・経済改革の旗手でなければならず、農業問題解決のために努力すべきである。

協同組合は人間の助け合いという本性に基づく組織であるが、協同活動自体が目的ではなく目的を持った組織であり、世界最初の協同組合といわれるロッチデール組合も労働者の生活改善・生活防衛のためにつくられた組織であった。

ＪＣＡ（日本協同組合連携機構）は、２０２５年の国際協同組合年を契機に「協同組合基本法」の制定を検討するとしているが、別のところでも述べたように、農協においては今回の農協改革の総括・反省が踏まえられなければならず、その手続きを経なければ議論は空洞化を招くことになるだろう。

「基本法」の制定も重要だが、それ以上に農協や生協など個別の協同組合がそれぞれ本来目的に合った活動をしているかが議論の土台になければならない。

協同組合は、協同組合原則によって運営されている。協同組合についてはこれをとるに足らない組織とみる人や、協同組合こそが未来の社会をつくるものだと主張する協同組合原理主義ともいうべき立場に立つ人もいる。

農協改革でも見られたように、協同組合とは何かについて多くの人に共通した一定の理解がなければ、議論は混乱し、協同組合攻撃に対して有効な反撃もできない。そこで、これまでの協同組合論の到達点である、フランスの協同組合研究者であるジョルジュ・

フォーケ（1873～1953年）のセクター論を手掛かりに協同組合について考えてみる。

セクター論によれば、社会は公共セクター、営利セクター、非営利セクターの三つから構成される。このうち、筆者が注目するのは、公共セクターである。公共セクターは三つのセクターの中で歴史上もっとも古い組織である。

公共セクターは部族・種族社会に端を発して太古の社会から存在する。それは時を経て古代エジプト、中国など王朝の成立で官僚機構として生成発展していく。こうした公共セクターは、一体どのような目的でつくられてきたのかを考えると、それは人間が持つ根源的な「自己保全（安全に暮らしたい）」の欲求に基づいてつくられてきたのではないかと察しがつく。

このように考えると、他の二つのセクターにおいて、営利組織は人間が持つ「競争」欲求、非営利組織は人間が持つ「助け合い」欲求に基づくものであることに思いつく。

これらの三つの欲求のうち、最も根源的なものは人間が持つ「自己保全」の欲求であり、この欲求に基づく組織である公共セクターとしての官僚組織は歴史上もっとも古くから存在した。競争にしろ、助け合いにしろ、人間が安全に暮らしていける保証がなければ意味がないからだ。

競争や助け合いの欲求はもともと人間に備わったもののだが、「競争」の原理に基づく株式会社や、「助け合い」の原理に基づく協同組合は、官僚組織からははるかに遅れて産業革命を経た資本主義社会の発展のもとで、一つの社会経済システムとして生成発展してきたと考えられる。

ちなみに協同組合が誕生した産業革命真っ盛りのこの時期、『種の起源』(1859年)を著わしたC・ダーウィン(1809~1882年)の進化論は適者生存の考えに立つもので、社会進化論などとして競争に基づく資本主義発展のバックボーンにされたが、他方でダーウィンは、生物進化の要因として競争とともに利他の愛・共生の重要性を説いている。

人間の欲求は人間の本性と考えられるもので、中国の孟子による性善説、荀子による性悪説などは人間が持つ本性について論じたものであった。

(図2)人間の本性と組織の関係

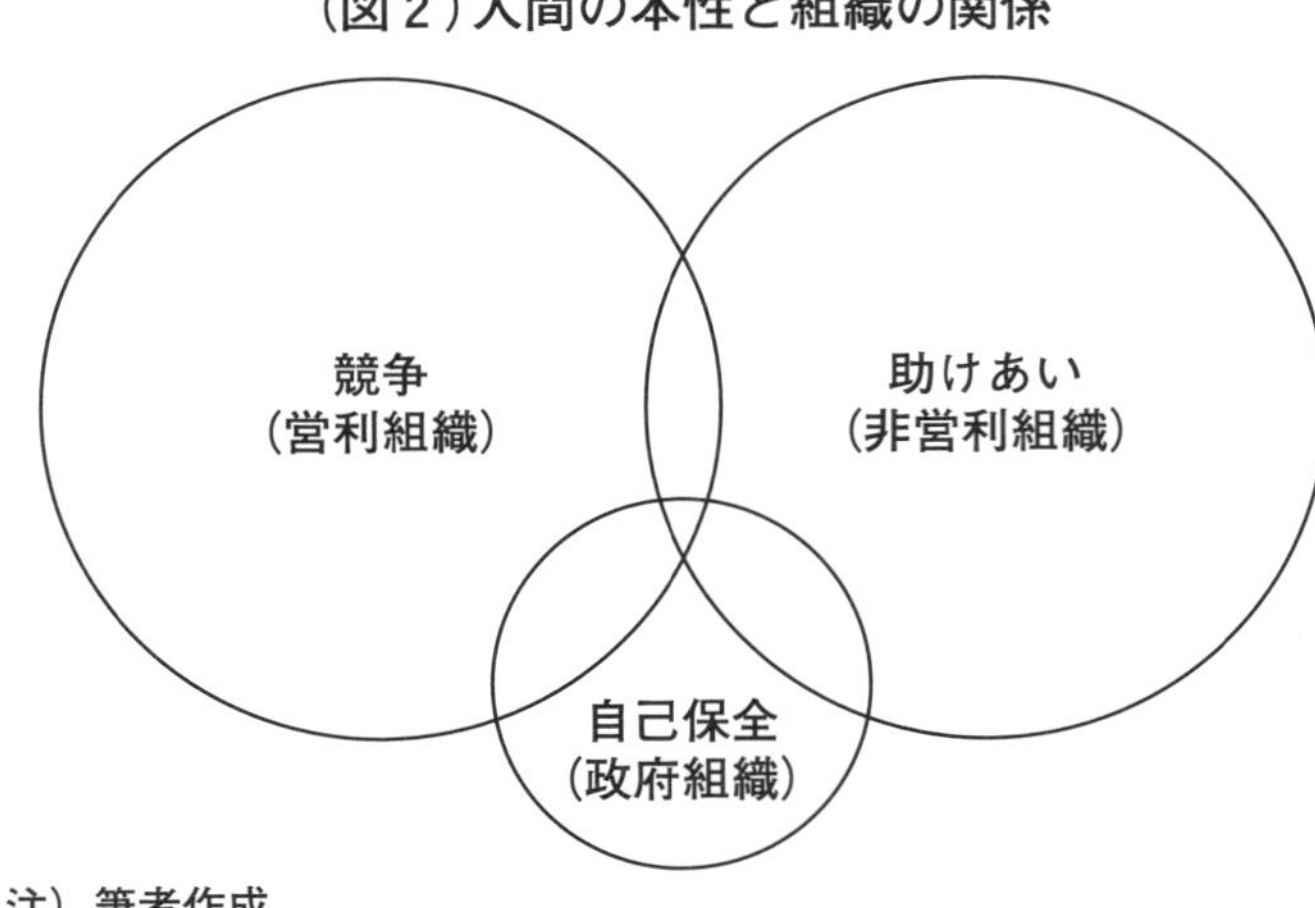

注) 筆者作成
図の助けあいの分野は、非営利組織のみでなく、広く市場に現れないシャドーワークの部分を含んだものとしてイメージしています。

こうした人間の欲求に基づく、言い換えれば人間の本性に基づく①官僚組織、②会社組織、③協同組合組織は、世界における3大組織と言ってよい（図2）。

筆者は、そもそも協同組合は「助け合い」という人間の本性（Human Nature）によってつくられた存在ではないかと考えており、これは協同組合の「そもそも論」ともいうべきものである。協同組合研究のなかでセクター論をもとに、このことに言及した協同組合論は、浅学非才の筆者が知る限り例がない。

このように考えると、協同組合はどのような政治・経済体制の下でも必ず必要とされる人間社会における組織であると理解できるし、政治体制が、資本主義から社会主義に代わっても協同組合の役割は変わらない。

資本主義のもとでも、競争一辺倒のアベノミクスに代わる菅義偉政権では共助の精神が、また岸田文雄政権でも分配重視の新しい資本主義が唱えられた。助け合いの精神は人間が持つ利他の愛としても説明され、キリスト教など宗教との関連も深く、協同組合運動の指導者であるF・ライファイゼン（1818～1888年）や賀川豊彦（1888～1960年）などは敬虔なクリスチャン教徒であった。

このように、筆者は、まずは協同組合を、助け合いという人間の本性に基づく社会の根源的な組織と考えている。

〈コラム〉**協同組合のそもそも論**

協同組合に関する考察では、戦後の農業・農協論の第一人者であった近藤康男（1899～2005年）は協同組合について、国家独占資本主義の利益を吸い上げるパイプと論じたが、この主張は協同組合の機能を論じたもの（典型的な機能論）であり、「そもそも」を論じたものではない。

また、協同組合学者の間では、協同組合を組合員の欲求を体現しこれを実現する組織と説明する場合が多いが、これはメンバーシップによる会員利益の実現という当然のことを言っているのに過ぎず、筆者が考えるそもそも論とは意味合いを異にする。

3. 協同組合原則

このような協同組合組織は、ＩＣＡ（国際協同組合同盟）が策定する協同組合原則によって運営されている。次に、この協同組合原則について考えてみる。結論から言えば、協同組合原則とは、協同組合の運営に関する取り決めであり、協同組合の運営方法である。

協同組合原則を考える場合、われわれに大きな示唆を与えてくれるのが、Ｍ・ウェーバー（1864～1920年）の『官僚論』である。

このなかで、ウェーバーは官僚組織の運営原則として①専門性、②命令伝達としての上意下達、③文書主義をあげている。これは公共セクターの代表組織である官僚組織の普遍的運営原則で、現在においてもあらゆる組織は、この原則によって運営される。

あらゆる組織は専門性をもって運営されるし、上意下達の指揮命令によって動く。また、口頭だけの組織運営はありえず、組織の運営は文書記録によって相互信頼が可能となる。筆者によれば、これは言わば組織の運営方法を述べたものとして理解ができる。

このことから導き出されるのが、協同組合原則は、協同組合という組織の運営方法ではないかという認識である。協同組合原則は、協同組合の運営に関する一定の取り決めなのであるが、それは協同組合の運営方法と言い換えてもよい。

運営方法はやり方（メソッド）であり、理念などに比べて下位の概念として理解される場合が多いが、この運営方法という概念は組織にとって決定的に重要な意味を持つ。筆者はかって研修会で農協の理念・特質について述べる機会があったのだが、この時、重要な組織の運営方法という考え方が欠落しているのに気付いた。

それは、ウェーバーが官僚組織の特性として述べた内容

（表19）人間の本性に基づく三大組織の目的・運営原理・運営方法

	官僚組織	会社組織	協同組合組織
目的	国民生活の安全	営利	非営利（奉仕）
運営原理	自己保全・組織の維持（官僚制）	競争	助けあい
運営方法	官僚制の法則（専門性・上意下達・文書主義など）	利潤追求（出資に対するより多くの配当など）	協同組合原則（一人一票・出資に対する利子の制限など）

注）筆者作成

は、組織の運営方法であると理解できたからである。人間の本性に基づく組織の①目的、②運営原理、③運営方法は（表19）の通りである。

こうした考えから筆者が導き出した組織における普遍的な運営概念は、①理念、②特質、③運営方法というものであり、それは組織運営の3大要素と言ってよい。

理念とは組織の考え方ないし目的であり、特質とは組織が持つ特殊な性質、運営方法とは組織が持つワザのことを言う。

（図3）理念・特質・運営方法の相互関係

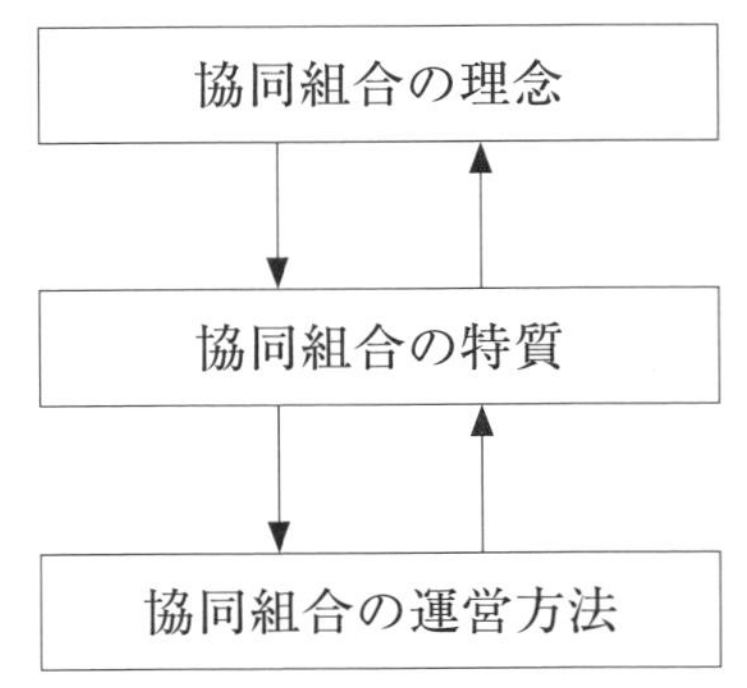

注）筆者作成

3大要素の関係は（図3）のように考えられ、理念は特質や運営方法を規定し、運営方法は特質・理念に影響を及ぼす。3大要素は相互に関連を持ち一体のものである。

これまでの協同組合論においては、これらの概念の下で実態を述べたものがなく、これが協同組合の理解を難しくしていると考えられる。

組織運営の3大要素について、協同組合の場合どのように考えられるか。R・オウエン（1771～1858年）とロッチデール原則を引き合いに考えてみよう。オウエンは、言わずと知れた協同組合の父と呼ばれる存在であるが、彼をもって協同組合の始まりとは言わない。

協同組合の始まりはイギリスのマンチェスター郊外に開店（1844年）したロッチデール消費組合と言われる。その理由はロッチデール消費組合という生活店舗の運営方法が、その後の協同組合の発展につながる普遍的な運営原則、言い換えれば協同組合という組織の運営方法を内包していたからに他ならない。周知のように、これらの運営方法はその後、ロッチデール原則、協同組合原則として確立されていく。

オウエンは協同組合運動の先駆者であり、理念の提唱者・実践者であったが、それをもって普遍的な協同組合の運営方法を定式化するには至らず、その意味で彼を協同組合の創始者とは言わないのである。

組織運営の3大要素について、公共セクターたる行政組織、営利セクターたる会社組織、非営利セクターたる協同組合組織を考えると、理念・特質・運営方法のうち、最もその差異が認められるのは運営方法であり、運営方法の差がそれぞれの組織の存在を決定づけている。

例えば、会社組織において資本利子に制限はないが、協同組合には利子の制限がある。協同組合原則の変遷は（表20）の通りであるが、このうち、とりわけロッチデール原則は、店舗の運営方法（組織の運営方法）をまとめたものとしての性格が強く出ている（ロッチデール原則の下線部分）。

現行の協同組合原則については次項で述べるが、その変遷を見れば、最初に協同組合の運営方法が定式化され、順次、理念や特質の議論に移ってきているように考えられる。

協同組合についても、もちろん組織としての高い理念がある。しかし、理念については抽象度が高く、

（表20）協同組合原則の変遷

●第15回ICAパリ大会で採択された原則（1937年）	●第23回ICAウイーン大会で採択された原則（1966年）
1. 開かれた組合員制 2. 民主的運営（1人1票の議決権） 3. 購買高に応じた配当 4. 資本に対する利子制限 5. 政治的・宗教的中立 6. 現金取引 7. 教育の促進	1. 公開の原則 2. 民主的管理の原則 3. 出資金利子制限の原則 4. 剰余金の分配の原則 5. 教育促進の原則 6. 協同組合間協同の原則
●ICA創立100周年記念マンチェスター大会で採択された原則（1995年）	**〈●ロッチデール原則（9原則）〉**
1. 自主的で開かれた組員制 2. 組合員による民主的な管理 3. 組合財政への参加 4. 自主・自立 5. 教育・研修、広報 6. 協同組合間の協同 7. 地域社会への係わり	1. 民主主義の原則（1人1票制） 2. 開かれた組合員制度の原則（加入・脱退の自由） 3. 出資に対する利子制限の原則 4. 利用高に比例した割戻の原則（購買高に応じて配当する） 5. 市価販売の原則（値引きはしない） 6. 現金取引の原則（掛売りはしない） 7. 純良な品質・量目の保証販売の原則 8. 教育重視の原則 9. 政治的・宗教的中立の原則

注）『新版農業協同組合論』全国農協中央会（1999年）161ページ、および、『協同組合を学ぶ』日本経済評論社（2012年）19ページを参考・引用。下線は筆者による。

人々によってさまざまな考え方がある。そこで、協同組合原則では、まずその定式化が比較的容易な運営方法からとまとめにかかかったと思われるのである。

前項で中央会（協同組合）監査廃止について、運営方法に関連付けて監査基準のことについて述べたが、このことに限らず協同組合において、協同組合らしい、または農協らしいやり方、運営方法は決定的に重要である。農協は、このことを自覚して日々の業務に取り組むべきである。

４．「95年原則」の意味と改定の視点

現在の協同組合原則は、１９９５年にＩＣＡ創立１００周年記念として開催されたマンチェスター大会でＩＣＡ声明として採択されたもので、それ故「95年原則」と言われる。その内容は（参考・後掲）の通りである。この原則がそれまでと違うのは、全体構成が、①定義、②価値、③７つの原則からなることである。

この原則は１９８０年の第27回ＩＣＡモスクワ大会での「将来の協同組合の優先分野に関する提言」（レイドロー報告）、１９８８年の第29回ＩＣＡストックホルム大会での「協同組合の基本的価値〜参加・民主主義・誠実・他人への配慮に関する提言（マルコス報告）」、１９９２年の第30回ＩＣＡ東京大会での「協同組合の基本的価値に関する勧告（ベーク報告）」をへて改定されたものである。

それまでの原則は、③の個別原則のみであったが、なぜ「95年原則」で新たに「定義」と「価値」が加わったのか。このことについては研究者の間で様々な説明が行われているが、すっきりしたものがない。

この点について、筆者が前に述べた組織運営の3大要素をもとに考えると理解が早いように考えられる。組織運営の3大要素とは前に述べた、①理念、②特質、③運営方法のことであるが、これを95年原則に当てはめてみると、「95年原則」で言う定義とは協同組合組織の特質、価値とは協同組合の理念、7つの原則とは協同組合の運営方法と読み取ることができる。

つまるところ、ICAは95年原則において、21世紀を見通し、従来の協同組合の組織の「運営方法」に止まらず、組織としての「理念」や「特質」までをもその射程距離に入れることによって、協同組合の存在意義を内外に明らかにし、併せて協同組合陣営の合意形成と組織の強化に乗り出したと考えられるのである。その意味で「95年原則」は、それまでの原則改定に比べて画期的な内容変更を含むものであった。

これまでの原則改定は、奇しくも29年ごとに行われている。この例からいくと、次の改定は2024年に行われるはずであったがそれは不可能となり、目下、最短で2026年の改定に向けて検討が行われている。

以下に「95年原則」における、①定義、②価値、③7つの原則について、今後の改定論議を含めて筆者の考えを述べておきたい。

（1）定義

> 〈定義〉協同組合とは、人びとが自主的に結びついた自律の団体です。人びとが共同で所有し、民主的に管理する事業体を通じ、経済的・社会的・文化的に共通して必要とするものや強い願いを充たすことを目的にしています。

「95年原則」における協同組合の「定義」については、前述の組織運営の基本要素である①理念、②特質、③運営方法のうち、協同組合の組織としての「特質」を述べたものである。

一言でいえば、ここで協同組合とは「組合員の、組合員による、組合員のための組織」（組合員による三位一体の組織）であることを謳っている。「定義」は「95年原則」で初めてその内容が声明として取り入れられた。

「定義」に関する原則改定議論に関して言えば、ＪＣＡで議論されているように、現行の「95年原則」における第7原則の「地域社会への係り」は、協同組合の組織の特質を述べたものでもあり、「定義」のなかで説明してもいいと思われる。

なお、この「定義」の後半部分では「経済的・社会的・文化的に共通して必要とするものや強い願いを充たすことを目的にしています」と述べており、このことをもって、これは協同組合の目的を述べたものであるという説明が研究者のなかで行われているが、これは当を得たものではない。

ここで述べている「経済的・社会的・文化的ニーズの充足」などは、言ってみれば当たり前のことで、協同組合の特質を説明するための論理的展開として述べられているのに過ぎない。

したがって、その中身は協同組合の共通の理念・目的として、別途考えられなければならないものである。協同組合の理念・目的については、次の（2）価値のなかで述べる。

（2）価値

〈価値〉協同組合は、自助、自己責任、民主主義、平等、公正、連帯という価値に基づいています。組合員は、創始者達の伝統を受け継いで、正直、公開、社会的責任、他人への配慮という倫理的価値を信条としています。

協同組合の「価値」については、これが何を意味するのかは難解である。「価値」の解釈について、これまでに合理性のある説明を筆者は耳にしたことがない。価値について合理性のある説明がないことが関係者を含めて協同組合に対する理解を妨げ、議論を混乱させているのではないか。

筆者の見解は、ここで言う「価値」は、本来は組織運営の基本要素である①理念、②特質、③運営法のうち、①の理念（目的）として最初に述べられるべきものであるが、現状では価値となっていると理解すべきと考えている。

経営組織論の基礎的理解によれば、およそ組織や企業の理念・目的の後ろに控えているのは道徳という概念である。人でも組織でも、「われは、かくありたい」という道徳概念である。こうした理解によれば、「95年原則」における価値は、協同組合組織としての道徳的価値を謳ったものであるととらえられる。

協同組合は人の組織であり、そうした意味から「価値」における前段では、協同組合の組織としての道徳的価値を後段では、組合員の道徳的規範を述べたものとして理解できる。繰り返しになるが、ここでの「価値」は、本来は協同組合の理念（目的）を述べなければならないところ、世界中の協同組合運動に関わる人びとの意見として統一的な理念（目的）を集約することは現時点では難しい。

そこでここでは、理念（目的）の後ろに控えている道徳的価値に着目してそれを「価値」として位置づけているのではないかというのが筆者の見解である。

関連して言えば、かつての「レイドロー報告」では、協同組合が取り組むべき課題として4つの優先分野が示されているが、これは言い換えれば、協同組合が取り組むべき分野を特定するとともに、協同組合の目的・その方向性を明らかにしたものと考えられるものである。

レイドロー報告は（1）世界の飢えを満たす協同組合（2）生産的労働のための協同組合（3）社会の保護者をめざす協同組合（4）協同組合地域社会の建設の4つの優先分野を取り上げたが、これは一面で協同組合が今後目指すべき運動目的とするものでもあったのである。

レイドロー報告について、日本の協同組合論とくに農協論者のなかには〈コラム欄〉で述べる通り、とりわけ第7原則の地域社会との係りを評価し、これを日本の農協を地域組合と考える根拠にする誤った考えがあるが、筆者は、レイドロー報告は、世界共通の協同組合の目的について問題提起したことに斬新さがあり、歴史的に評価されるべきことと思っている。

後に国連はＳＤＧｓとして取り組むべき内容・範囲と目標を明らかにしたのだが、レイドロー報告はそれに先立つ35年も前に、世界の協同組合が取り組むべき内容・範囲と目標設定に挑戦する宣言を行っていたのである。

ＩＣＡではこの内容をさらに深めることが要請されたと思われるのだが、実際にはその後の「マルコス報告」に見られるように、この問題は、協同組合の「目的」に関する議論ではなく「四つの基本価値値値」～①参加、②民主主義、③誠実、④他人への配慮など抽象的な道徳概念に置き換えられていった。

筆者によれば、「マルコス報告」は、「レイドロー報告」がめざす協同組合の世界共通の目的議論をその困難性から放棄し、目的の裏側にある道徳的価値について言及したものと考えている。

道徳的価値とは抽象的で、組織の旗印としては極めて曖昧なものである。「マルコス報告」でいう「参加・民主主義・誠実・他人への配慮」のうち、とくに誠実・他人への配慮などは一体これが何を意味しているのか、大方の人には理解ができないであろう。「ベーク報告」では、この協同組合の基本価値についてさらに論考を深める作業を行ったが、協同組合の共通の目的設定議論には至らず、ＩＣＡは最終的に「定義」に続く「価値」としてこれを掲げたものと考えられる。

いずれにしても、「95年原則」がそれまでの原則と違って出色なのは、全体構成が①

定義、②価値、③7つの原則からなっていることである。これは筆者がいう組織運営の3大要素である①理念、②特質、③運営方法に見事に合致する。

以上のように「95年原則」の「価値」を理解すると、今回の改定では、「価値」を進めて協同組合の理念・目的が議論されなければならないと考えられるのだが、今のところ筆者の耳にはそうした問題意識・論点は入ってこない。

目標設定については、国連では持続可能な開発目標であるSDGsを策定（2015年）し、17のゴールと169のターゲットを設定して各国で取り組みが進められている。また、企業経営や投資判断のテーマとしてEnvironment（環境）、Social（社会）、Governance（ガバナンス）が提唱されている。

協同組合の目的に関連して、経済評論家の内橋克人氏（1932〜2021年）は、F（食糧）、E（エネルギー）、C（ケア〜医療・介護・福祉）自給圏を提唱していた。

以上のような状況の中で、世界の協同組合が、「自助、自己責任、民主主義、平等、公正、連帯」などという抽象度の高い協同組合の道徳的価値といった概念規定を超えて、議論のなかからどのような理念・目標設定ができるのか、国連が2025年を二度目の国際協同組合年にしたことを考えれば、ICAはSDGsに関して協同組合としての具体的な取り組みを、原則のなかで明らかにすべきであろう。

ＳＤＧｓの考え方はもともと協同組合が考えていたことなどと悠長なことを言っている場合ではない。いまのＪＣＡ（日本協同組合連携機構）に、このような取り組みの観点があるのだろうか、大いに疑問である。

農協陣営としては、農業の基本価値に基づき、①食料の安定・安全供給、②環境（自然環境・社会環境）の保全などが、共通の目的として議論されるべきではないだろうか。これらのテーマは、生協や漁協などとも共有できるものである。

（３）７つの指針

> 〈協同組合の７つの指針〉【第１原則】自主的で開かれた組合員制【第２原則】組合員による民主的な管理【第３原則】組合財政への参加【第４原則】自主・自立【第５原則】教育・研修、広報【第６原則】協同組合間の協同【第７原則】地域社会への係わり

「定義」と「価値」に続いて述べられている７つの原則を、95年声明では「指針」と述べているが、表現の仕方は別にして、これは組織論的に言えば協同組合の運営方法というべき内容である。したがって、その内容は、かつてのロッチデール原則がそうであ

ったように、可能な限り具体的なものであるべきである。

この点について、95年原則で新たに加えられた第7原則の「地域社会への係わり」は、協同組合の運営方法というよりは協同組合という組織の特質を述べたものと考えられる。したがって、前述のように第7原則（運営方法）ではなく、「定義」のなかで述べられる性質のものであろう。

また、第4原則の自主・自立について、この原則の前身には政治的・宗教的中立の内容が謳われていたことについてはすでに述べた通りであるが、今回の日本の農協改革の反省から、日本協同組合連携機構（ＪＣＡ）は、協同組合への政党・政治支配を排した政治的自立の問題を提起すべきである。

また合わせて、ウクライナ戦争やイスラエル・パレスチナ戦争を見ても、お互いの宗教を認め合う宗教的自立も改めて検討されてよい。比較的宗教に寛容な日本は、このことを議論する資格を持っているのではないか。

以上、本節では協同組合論の確立について述べたが、今回の農協改革を振り返ってみると、総じて、農協の株式会社化などの営利主義への反論は別にして、中央会制度の廃止（中央会監査の廃止）や准組合員の制度問題について、協同組合論はほとんど無力で、政府からの提案について反論する理論的根拠を示すことはできなかった。

筆者の知る限り、協同組合学会などでは、戦後最大の農協の危機ともいえる中央会制度の廃止を含む農協改革について、セミナーなどで統一テーマとして取り上げ、議論されたことはなく、勝負が決まった農協法改正後においても、農協改革の総括や今後の課題について体系的な議論は行われていない。

僅かに議論されているのは、農協論研究の分野でのこれまでの地域組合論の正当化である。それは要するに現行制度への徹底した依存姿勢であり、これはＪＡ全中の既定路線踏襲の擁護に終始している姿勢と重なる。農協はもともと自主性に乏しく制度依存の組織なのであるが、協同組合とりわけ農協論研究も全く同じ制度依存の議論しか行われていない。

今回の農協改革は、中央会制度や准組合員制度などの制度問題について政府がその見直しを求めているのであって、現行制度を自分の都合の良いように解釈してその維持を図ろうとする姿勢だけでは、それは対抗策にはなりえない。

ちょっと極端な言い方かもしれないが、農協においては、協同組合論は単に自らの組織維持の方便に使われているのに過ぎず、研究者もその姿勢に追従していると言っていいのではないだろうか。この点、かつての協同組合運動の先駆者たちは、すべてが協同組合事業方式による起業家、新しい制度の構築者であり、制度依存とは無縁の人達だったことを想起すべきである。

レイドロー博士が指摘する①組合員の信頼の危機、②経営の危機、③協同組合の思想上の危機は、もちろん協同組合の危機を指摘したものであるが、③の協同組合の思想上の危機は、外部からの攻撃だけでなく、協同組合役職員はもとより、協同組合研究者にとっても自らの問題として留意すべきことではないのか。

今回の農協改革は、「95年原則」に掲げる、とりわけ①協同組合の価値、言い換えれば農協の理念、②7つの原則と密接に関連している。例えば、①これまでの地域組合論に代わる農協論の下での「農協理念」とはどのようなものか、②中央会制度廃止にともなう「自主・自立の農協運動」とは何か、③「組合員による民主的管理」との関連で准組合員に議決権がないことをどのように解決すべきなのか、農協は協同組合原則に掲げる内容を現実的な課題と照合して一つ一つ解決し、新たな協同組合ビジネスモデルを開発していかなければならない。

〈コラム〉第7原則：地域社会への係りについて

第７原則：地域社会への係りについて、これは１９８０年のＩＣＡ（国際協同組合同盟）第27回モスクワ大会での「西暦２０００における協同組合」（レイドロー報告）に基づいて、「95年原則」で新たに設定された原則とされる。

「レイドロー報告」では、日本の総合農協協が引き合いに出され、地域に立脚する日本の総合農協は世界の協同組合がモデルとすべきものと推奨されている。

確かに信用・共済事業の兼営が認められている日本の総合農協は世界的にも稀な組織であり、協同組合として模範とすべき姿というレイドロー博士の指摘はもっともなことと思う。

筆者はそのことに特段の異議を唱えるものではなく、農協でも「95年原則」で第７原則として地域社会への係りが新設されたことを契機に「地域社会への貢献」が謳われたことは意義あることだったと考えている。

一方で、日本の農協論では、とくに地域組合論に立つ研究者によってこの原則を手本に、農協は地域組合だという主張がなされているのは誠に憂慮すべきことと思う。本書で何回も指摘するように農協は地域に立脚する組織という意味で地域組合というのに何の問題もない。

だが、地域組合論者が第７原則の新設をもって、農協は地域社会に係りを持つ組織なのだから農業振興だけでなく地域振興という二つの目的を持つ組織であると二軸論を主張するのは、いくら何でも言い過ぎであり、完全に論理が飛躍している。

協同組合は共同体と機能体が統合された組織であり、農協に限らずおよそ地域社会と係りを持たない協同組合など存在するはずがない。ＩＣＡが第７原則を新設した趣旨は必ずしも明確ではないが、世界的にみれば、何はともあれ協同組合の地域性を強調する必要があったからなのだろう。

日本は欧米思想の信仰心が強くとくに農協の場合は、協同組合原則などは無条件に信頼される傾向が強い。こうした状況で、農協論の学者が協同組合原則を引き合いに、だから日本の農協は、農業振興と地域振興の二つの目的を持つ地域組合であると主張すると、その心地よさも手伝って大概の人はそうかなと思ってしまう。

こうした地域組合論は、農協関係者に農協は必ずしも農業振興に力を入れなくてもいいのではないかという誤った考えを植え付けることになり、農協をあらぬ方向に導く（農協関係者の多くの意識は、すでにそうなっている）。誠に罪深いことではないのか。

さらに言えば、一部の地域組合論の人達が、今回の農協改革（農協改正）で完全否定された地域組合路線を何の反省もなく、今も主張を続けているのは筆者にとって全く信じ難いことである。

全中は現状維持志向の強い農協の意見を反映し、10年前にはじまった農協改革の前からそして今も、厳密な意味で二軸論に立っているかどうかは別にして地域組合論に基づく農協運動を展開している。

協同組合論（農協論含む）の研究者の人達は、事態を正確に分析し、理論的に正しい方向に農協を指導してもらいたいものである。自己の勝手な願望だけで議論を導くのは、農協にさらなる大惨事を招くことになる。すでに中央会制度の廃止という大惨事は、起こってしまっている。

（参考）「95年原則」：協同組合のアイデンティティに関するICA声明

【定義】
　協同組合とは、人びとが自主的に結びついた自律の団体です。人びとが共同で所有し、民主的に管理する事業体を通じ、経済的・社会的・文化的に共通して必要とするものや強い願いを充たすことを目的にしています。

【価値】
　協同組合は、自助、自己責任、民主主義、平等、公正、連帯という価値に基づいています。組合員は、創始者達の伝統を受け継いで、正直、公開、社会的責任、他人への配慮という倫理的価値を信条としています。

【原則】
　協同組合は、その価値を実践していくうえで、以下の原則を指針としています。
【第１原則】自主的で開かれた組合員制
　協同組合は、自主性に基づく組織です。その事業を利用することができ、また、組合員としての責任を引き受けようとする人には、男女の別や社会的・人種的・政治的あるいは宗教の別を問わず、誰にでも開かれています。
【第２原則】組合員による民主的な管理
　協同組合は、組合員が管理する民主的な組織です。その方針や意思は、組合員が積極的に参加して決定します。代表として選ばれ役員を務める男女は、組合員に対して責任を負います。単位協同組合では、組合員は平等の票決権（一人一票）を持ち、それ以外の段階の協同組合も、民主的な方法で管理されます。
【第３原則】組合財政への参加
　組合員は、自分達の協同組合に公平に出資し、これを民主的に管理します。組合の資本の少なくとも一部は、通例、その組合の共同の財産です。加入条件として約束した出資金は、何がしかの利息を受け取るとしても、制限された利率によるのが通例です。
　剰余は、以下のいずれか、あるいは、全ての目的に充当します。
●できれば、準備金を積み立てることにより、自分達の組合を一層発展させるため。
　なお、準備金の少なくとも一部は分割できません。
●組合の利用高に比例して組合員に還元するため。
●組合員が承認するその他の活動の支援に充てるため。
【第４原則】自主・自立
　協同組合は、組合員が管理する自律・自助の組織です。政府を含む外部の組織と取り決めを結び、あるいは組合の外部から資本を調達する場合、組合員による民主的な管理を確保し、また、組合の自主性を保つ条件で行います。
【第５原則】教育・研修、広報
　協同組合は、組合員、選ばれたれた役員、管理職、従業員に対し、各々が自分達の組合の発展に効果的に寄与できるように教育･研修を実施します。協同組合は、一般の人びと—なかでも若者・オピニオン・リーダーにむけて協同の特質と利点について広報活動を行います。
【第６原則】協同組合間の協同
　協同組合は、地域、全国、諸国間の、さらには国際的な仕組みを通じて協同することにより、自分の組合員に最も効果的に奉仕し、また、協同組合運動を強化します。
【第７原則】地域社会への係わり
　協同組合は、組合員が承認する方針に沿って、地域社会の持続可能な発展に努めます。

（ＪＡ全中訳）

第6章　農協運動の転換

要点

今回の農協改革において、農協を支える3大制度（中央会制度、総合農協制度、准組合員制度）のうち、従来の総合農協制度に加えて中央会制度と准組合員制度について新たに問題提起が行われ、中央会制度については廃止、准組合員制度については当面その改変が見送りという結果に終わった。

今まで農協は上記の制度に依存して運営を行ってきたが、今やこの制度そのものの存在が揺らいできている。したがって今後農協は、制度に過度に依存しない、もしくは時代に適合した制度活用の進化による、自主・自立の農協運動の展開が求められている。

そのポイントは、これまで続けてきた地域組合論に基づく農協運動から新たな農協理念に基づく農協運動への転換である。新たな農協理念とは、農協はその本来的使命である農業振興を目的とする組織であることを明確にすることである。

他方、農業振興は一人農業者のみによって達成されるものではなく、食料問題や環境問題への取り組みによって達成することができる。総合農協制度と准組合員制度を持つ農協は農・食・環境問題の解決をはかる、言わば農業が産業として持つ使命の役割発揮をトータルで果たすことができる日本における唯一の組織と言ってよい。

したがって農協は、「農・食・環境問題への取り組みを通じて豊かな地域社会の建設を目指す」という新たな農協理念のもと、正・准組合員1000万人が一体となって農業振興に取り組むことが重要である。

第１節　新たな農協理念の確立

１．農業の基本価値

理念（組織理念や経営理念とも言う）とは組織の考え方や目的を表す組織運営上の最高規範である。それは、経営戦略・経営計画の策定・実行などにあたってのすべての行動基準・判定基準になり、同時に組織の社会的責任を明らかにするものでもある。

農協の経営理念も例外ではなく、農協がどのような経営理念を持つのかは、今後の農協経営や農協運動の方向を決定的に左右する。農協の経営理念は「ＪＡ綱領」によって定められているが、新たな農協理念の構築が求められているとすれば、当然その改定が必要になってくる。

そのことについては後に述べるが、筆者は今回の農協改革を通じて今後農協は、何はともあれ農に関連した、もしくは農に紐づけした理論を持たなければ生き残れないことを痛感した。

農業振興をもとに、何とか今の総合農協の存在を説明できないか。そこで出会ったのが大内力著『農業の基本価値』創森社（２００８年）であった。大内力東京大学名誉教授は、言わずと知れた日本を代表するマルクス経済学研究学者である。

筆者はマルキストではないが、ここで述べられている大内教授の農業に対する考え方は、今後の農協運動にとって大変参考になるものである。この著書のなかで大内教授は、農業の基本価値として、①食料の安定的な供給、②安全な食料の生産、③自然環境の保全、④社会環境の保全の四つをあげている。

なぜ四つにしたかについては、とくに理由はなく「マルコス報告」(1988年のICA・国際協同組合同盟のストックホルム大会)の「協同組合の四つの基本価値」にならったという。筆者によれば、大内教授の言う農業の四つの基本価値は、①食料の安定・安全供給、②自然・社会環境の保全の二つに要約できると思う。これをもっと縮めれば、「食料供給」と「環境保全」ないしは、単に「食」と「環境」となる。

いずれにしてもこの概念規定は農業振興にとって極めて重要で、筆者はこれを農業が持つ産業としての経済的・社会的使命と考えたい。このように考えると、農業振興とは、農協法第1条に規定するように、単に「農業生産力の増進及び農業者の経済的社会的地位の向上」だけではなく、それによって農および食と環境に関する農業の産業としての使命を果たすことだということに思いつく。

農協法第1条の農業振興を狭義の農業振興と考えれば、これに農業としての産業の使命を加えたものを広義の農業振興とすることができる。とすれば農協は、狭義の農業振興にあわせて食と環境問題を解決する産業としての使命の役割を果たす広義の農業振興に取り組む組織と考えていいのではないか。

言い換えれば、新しい農協の存在意義は農・食・環境がキーワードということになる。こうした広義の農業振興の概念に基づく農・食・環境のキーワードは、以上のことを意識しているかどうかは不明であるが、最近新聞紙上などでよく見かけるようになっている。

このように、農業ないし農業振興の概念を生産者による農業振興だけでなくそれによる農業が持つ産業としての使命にまで広げれば、その目的達成には農協において農業者たる正組合員とともに農業振興の貢献者たる准組合員の役割が重要になってくる。

准組合員は食料の供給面において地域内農産物の買い支えや安全志向についての意見具申などについて農業振興に貢献できるし、また環境保全についても農業振興面で農業者とともに様々な面で行動を共にすることができる。

農業の基本価値の実現というと何か堅苦しく感じられるが、農協の活動としてこれを考えれば、農業が持つ基本価値・効用の利活用と考えることができる。農水省が取り組んでいる農福連携事業や農泊事業は、まさに農業の基本価値・効用を農協の組合員とくに准組合員に利活用してもらうことに他ならない。

農福事業は障碍者等の農業生産面での活用の半面で、障碍者に農業の持つセラピー効果をもたらすものであり、また、農協が取り組んでいる高齢者福祉事業も農業面での癒し効果を利用者に活用してもらう観点を持つことで特別の意義を見出すことができる。農泊事業も同様で、これは観光事業を通じて利用者に農業の基本価値の効用、言い換えれば農業が持つ多面的機能の効用を利用者に味わってもらう取り組みして理解することができる。

（注）正・准組合員が一体となって農業振興を行う場合、協同組合の組合員として、また協同活動への取り組みとして、①われわれは農業に対して何ができるか。②農業はわれわれに何をもたらしてくれるか。という二つの観点で問題を整理して行くことが重要である。

①のわれわれ（正・准組合員）は農業に対して何ができるかについては、農協の諸活動を通じて農業振興、食料の安定・安全供給、自然・社会環境の保全に関する取り組みとしてこれを行うことができるし、②農業はわれわれに何をもたらしてくれるかについては、食料の安定・安全供給はもとより雇用の創出や農業が持つ多面的機能の効用等がある。

この場合、全中が整理しているような、准組合員は農協にとって単なる農業振興の応援団やましてて地域組合論（二軸論）に基づく地域振興の主体ではなく、生産者とともに農業振興における一方の主役と位置付けることが重要である。

このように考えれば、前述のように農協の役割は、①正組合員（生産者）が取り組む農業振興と②正組合員と准組合員が一体となって取り組む農業の産業としての使命の役割発揮ということになる。

これを要約すれば、農協の存在意義は前述のように「農・食・環境」への取り組みということになる。そしてここから浮かび上がってくる新たな農協理念とは、正組合員と准組合員が一体となって進める「農・食・環境への取り組みを通じた豊かな地域社会の建設」ということになるだろう。

農業振興の概念を広げることについては、農協にとって便宜的なことと受け取られるのかも知れないが、実はこのような農業振興を農業者だけの問題としない考え方は、もう25年以上も前の「食料・農業・農村基本法（１９９９年）」の時から意識されていたことであり、ここで政府はすでに、農業問題を農業振興だけでなく食料と農村問題にウイングを広げていた。

ただし、このとき全中を含めて地域組合論者は農村問題を地域問題としてとらえ、農協は農業振興だけでなく地域振興の役割を果たす、言い換えれば農協はこの二つの目的を持つ存在だとする二軸論を展開してきたが、これは地域組合論による一方的な解釈であり、こうした考え方は政府によって今回の農協法改正（２０１５年）で改めて否定されている。

さらに、今回の「食料・農業・農村基本法」の改正でも、内容を見ればこれまでの考え方をさらに深め、環境問題が前面に出されてきている。基本法の改正は、途中から当面の情勢（ウクライナ戦争やイスラエル戦争など）を踏まえて、食料の安全保障問題に集中して議論が行われたが、実は環境問題こそが基本法改正の一方の主題であり、その意味からすると今回の改正基本法は「食料・農業・環境基本法」ともいうべき性質のものである。

「食料・農業・農村基本法」でいう農村は、これまで社会科学的な意味で使われる場合が多いが、そうした観点は少し控えて農業が持つ環境保全機能、それも社会環境と自然環境の保全が一体となった農業が持つ産業としての使命という観点を前面に押し出した考え方への転換や取り組みが重要と思われる。

以上のような農業問題に関する検討の推移をみると、農業の基本価値は時代を見通した優れた考え方であり、これに基づく農協の新たな経営理念は新時代の農協運動をリードできるものであろう。

一方で、農協運動の現場では、一方的な地域組合論やまして職能組合論に基づく経営理念で農協の運営が行われているわけではない。農協の運営は個別農協がつくる経営理念によって行われているが、そこではすでに多くの場合、「農」ばかりではなく「食」が農協運営の重要なキーワードとして使われており、ＪＡ福岡市では自らを「食料農業協同組合」と称した農協運営が行われている。

農協運動の現場では農協活動として、すでに生産者による農業振興だけでなく食に対する関心・取り組みが視野に入れられており、さらにそれは環境問題へと突き進んでいる。

最期に、農協法の第一条（農協の目的）について、従来の農業振興（農業生産力の増進及び農業者の経済的社会的地位の向上）に加えて、農業の産業としての使命（食の安定・安心供給と環境保全）に関する内容を加えることについては、これまで正面から議論の俎上に上ったことはないが、問題提起を行って議論をしていく必要がある。

「食料・農業・農村基本法」の制定や改正を通じて行われた農業の役割議論を踏まえれば、農協に対する新しい農業振興の役割として農業の持つ基本価値の実現について政府と議論していく余地は十分にあると思う。

例えば、農協法第一条を「農業生産力の増強および農業者の所得向上と、これによる（産業としての使命である）食料の安定・安全供給と自然・社会環境の保全」として議論することは可能と思える。

一方で、地域組合論者が主張するような農協に農業振興のほか地域振興を加えた二つの目的をもたせ、かつ正組合員と准組合員の区別をなくせという農協法の修正は、絶望的に困難である。

全中は2014年11月に策定した自己改革案で地域組合をめざす法改正を求め、その直後の衆議院総選挙（2017年10月）でもその旨の政策要請を行ってきたが、その後それは無理筋と考えたのか要請は行っていない。

一方で、自己改革が終わった第30回JA全国大会（2024年）でも、依然として地域組合論を掲げた運動展開を行おうとしている。全中には一貫性のある責任を持った運動提案をしてもらいたいものである。

〈コラム〉農業の基本価値

大内教授は「農業の基本価値」について、これを産業としての農業の経済的・社会的使命というような言い方はしていない。大内教授は、農業には産業としてだけではなく、自然に働きかける生業としての意味があり、もっと深い意味をもたせていると思われる。

筆者は多くの人の理解がそうであるように、産業としての農業とは、簡単に言えば農業で生計が立てられる（メシの食える）職業と考えている。資本主義経済のなかで生計が立てられなければ農業をやる人はいない。

また、大内教授は著書の中で、「私は狭い意味で農業や農民の利害関係を代弁するつもりはない、日本と日本人のことだけでなく地球的規模でものを見る場合、われわれは何を重視し、いかに行動しなければならないかを考えてみたい」と述べている。

　農協が農業の基本価値を参考にして農協理念を考える場合、間違ってもそれが自らの組織・権益維持のために使われるということであってはならず、少なくとも新しい農協理念は困難な農業問題解決に役立つものとして地域の皆さんに受け入れられるものでなければならない。

　付け加えれば、環境問題（自然・社会環境の保全）は従来、行政によって農業が持つ多面的機能として説明されており、この説明は公的セクターたる行政の省益のにおいがするお説教のように聞こえるが、これなども、農業が持つ産業としての経済的・社会的使命として持つ自然・社会環境の保全機能と説明すればより多くの人の共感を呼ぶことができるように思われる。

2.「JA綱領」の改定

農協の経営理念は「JA綱領」によって示されている。「JA綱領」は1997（平成9）年に制定された。1997年はICAの「協同組合原則」が改定（1995年）された直後であり、「食料・農業・農村基本法」が制定（1999年）される直前の年であった。

「JA綱領」制定のねらいは、合併農協の運営理念を明確にするもので、農協が1980年代から強力に合併を進めてきた農協の精神的支柱が必要とされたからである。

それまで農協には、「組合員綱領」があり、この主語は当然のこと組合員であったが、「ＪＡ綱領」では、主語は農協・役職員・組合員が一体となったものとなっている。この綱領と協同組合原則や法制度や個別農協の経営理念との関係を示せば（図４）の通りである。

会社組織の経営理念は、役職員や株主に対して発せられるが、農協は協同組合なのでその理念は役職員とともに組合員が共に共鳴・共有できるものでなくてはならない。「ＪＡ綱領」は、諸会議などの冒頭で唱和される場合が多いが、それはまるでお経を読むがごとくの扱いで、その内容の意味をいちいち考える人は少ない。だが「ＪＡ綱領」は、ＪＡ全国大会議案の策定や実行の判断・判定基準になり、また単位農協の経営理念や３か年計画・事業計画の策定や実行の判断・判定基準となる大変重要な存在である。

前述のように農協の経営理念が見直されなければならないとすれば、それに合

（図４）農協理念の関連図

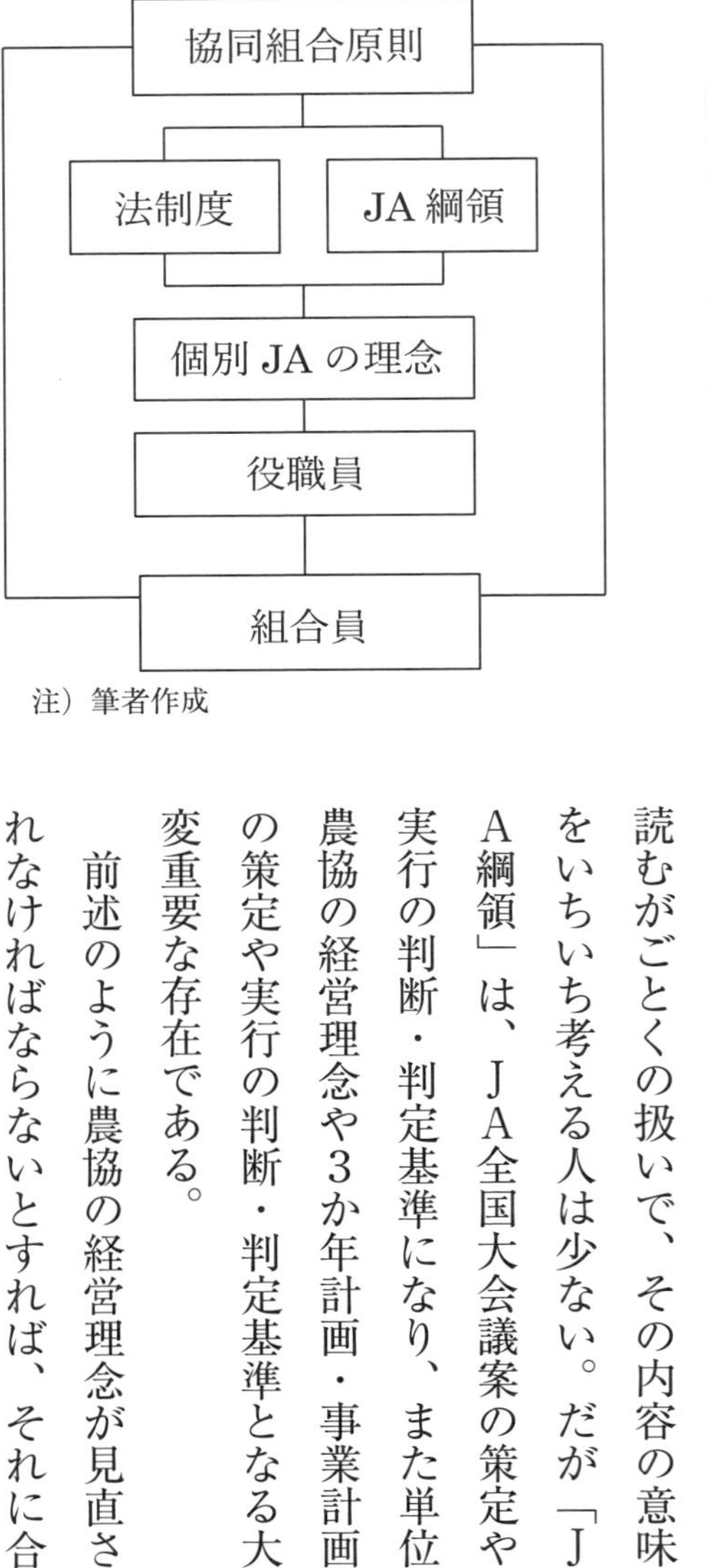

注）筆者作成

わせて当然「ＪＡ綱領」の改定があわせて検討されなければならない。

ここでは、これまでに「ＪＡ綱領」が果たしてきた功罪と新たな「ＪＡ綱領」の内容について述べるが、その前に「ＪＡ綱領」全体の姿について述べておきたい。「綱領」は前文とそれに続く五つの行動規範からなっている（表22）。

「綱領」の策定にあたっては、全国の優良農協と目される組合長の意見を聞き、それらの意見を要約する形で作成された。したがって、必ずしも筆者が述べる農協組織が持つ①理念、②特質、③運営方法といったような組織経営学的視点から理論的

（表22）　ＪＡ綱領

ＪＡ綱領 ― わたしたちＪＡのめざすもの ―

わたしたちＪＡの組合員・役職員は、協同組合運動の基本的な定義・価値・原則（自主、自立、参加、民主的運営、公正、連帯等）に基づき行動します。そして地球的視野に立って環境変化を見通し、組織・事業・経営の革新をはかります。さらに、地域・全国・世界の協同組合の仲間と連携し、より民主的で公正な社会の実現に努めます。

このため、わたしたちは次のことを通じ、農業と地域社会に根ざした組織としての社会的役割を誠実に果たします。

わたしたちは

1. 地域の農業を振興し、わが国の食と緑と水を守ろう。
1. 環境・文化・福祉への貢献を通じて、安心して暮らせる豊かな地域社会を築こう。
1. ＪＡへの積極的な参加と連帯によって、協同の成果を実現しよう。
1. 自主・自立と民主的運営の基本に立ち、ＪＡを健全に経営し信頼を高めよう。
1. 協同の理念を学び実践を通じて、共に生きがいを追求しよう。

注）下線は筆者による

根拠をもって作成されたものではない。

前文は、「綱領」制定の2年前に改定された協同組合原則（95年原則）の内容を盛り込んでいる。前にも述べたように、「95年原則」は協同組合が持つ世界的な「理念や目的」にまでを視野に入れることができず、それ以前の組織が持つ道徳的「価値」にとどまっているが「綱領」ではこの点について、「民主的で公正な社会の実現に努めます」というように述べ、協同組合の目的らしきものを盛り込んでいるのは注目していいと思われる。

前文に協同組合原則の内容が盛り込まれた意義は大変大きく、そのことで「綱領」は、農協の役職員にとって身近な存在として理解されるようになった。とくに、農協は何よりも協同組合であるとの認識が農協関係者に周知されたことは特筆されてよい。

前文の次には五つの行動規範が述べられており、読者にとって大変分かりやすい内容となっている。また、例えば、その1．の「地域の農業を振興し、わが国の食と緑と水を守ろう」は、これからの農協理念として考えられる「農」と「食」そして「環境」を見事に視野にとらえており、その先見性に感心するばかりである。

そして、この「綱領」が持つ最大の問題は、前文と行動規範をつなぐ「このため、わたしたちは次のことを通じ、農業と地域社会に根ざした組織としての社会的役割を誠実に果たします」という表現であり、とりわけ「地域社会に根ざした組織」という文言が持つ意味をどのように考えるかが、「綱領」見直しの最大の焦点である。

結論から言えば、「地域社会に根ざした組織」という文言こそがこれまでに述べてきた地域組合論の根拠となり、農協はこの地域組合論によって自らを理解してきた。さりげなくつなぎの文章として挿入されたこの文言こそが、農協の経営理念として農協関係者の間に定着して行ったのである。

それはともかく、「地域社会に根ざした」という、たった9文字が巨大組織農協の根本の運営理念になりえたのには、今更ながら驚くほかはない。ともあれ、この文言に真っ先に飛びついたのは、農協の地域組合論の研究者達であった。

地域組合論の研究者は、このことをもって農協は地域組合であると唱えだしたのである。農協は農業振興だけでなく地域振興をも目的とした組織であるという主張である。その極論は、農協は農業振興と地域振興の二つの目的を持つという地域組合論（二軸論）であった。

このことについて、「JA綱領」を作成した当の全中は、必ずしも最初から農協を地域組合と考えることを意図してこの表現を使ったのではないのではないか。筆者などは、地域に根ざした組織であるといことについては、いまの農協は農地解放とセットの存在であり農地と離れ難く結びついている。
農地を所有する組合員を持つ農協は、必然的に地域に根ざした存在であり、それが他の協同組合と異なる農協の特異性だと受け止めていたように思う。それがいつの間にか当の全中の思惑を大きく超えて、「JA綱領」は地域組合論を象徴する存在になって行った。それには地域組合論を唱える学者・研究者の人達の力が大きかったように思える。まず「JA綱領」について改めてその功罪を考えてみれば、次のように考えられる。

評価できる面は、「綱領」は内容の簡潔さも手伝って農協活動の現場で幅広く活用され、農協運動の展開に大きな成果をもたらしたということである。

とりわけ、前文に協同組合原則が掲げられたことで農協は何よりも協同組合であることの認識が深まり、農協の役職員に一体感をつくり出す効果をもたらしたことは高く評価されていいだろう。農協で「JA綱領」の存在を知らない人は少ない。

また事業面では、地域組合論者の主張が、とりわけ農協の信用・共済事業の取り組みに自信を与え、取り扱いの伸長・拡大に大きく貢献した。多くの農協の役職員は「JA綱領」によって、自ら助け合いの協同組合として、また地域振興の旗手としての誇りを持ち、全力で信用・共済事業の推進活動に邁進したのである。

この結果、農協の信用・共済事業は大きく伸長し、農協は他業態を凌ぐ巨大組織として発展していった。このことは、農協にとって忘れ難い大きな成功体験となって、今も役職員の心に残っている。

半面で「綱領」は、農協が持つ本来的役割である農業振興について、ともすればこれを軽視しがちにした点で、大きな問題をもたらすものであった。それは「綱領」が持つ問題点というより、農協を地域組合と論じた学者・研究者の方により問題があったと思える。

農協が地域社会に根ざす組織であり、地域社会と係りを持つことは協同組合としてあたり前のことであり、全中が「綱領」で「地域社会に根ざした組織」と述べたからといって、農協が信用・共済組合や生協などの組織原理が混在する地域振興の目的を持つ地域組合であると主張するのは、明らかに論理の飛躍があった。

全中は１９６７年の「農業基本構想」に続いて、１９７０年には「生活基本構想」を策定して、日本の高度経済成長期における農協運動を主導したが、この「生活基本構想」も地域組合（二軸論）論者にとって格好の主張材料にされた。

「生活基本構想」はあくまで農協の農家組合員の生活面の改善活動を促すものであったが、極端な地域組合論にたつ学者・研究者はこの構想をもって、農協は農業振興と地域振興の二つの目標を持つ組織として農協運動を誘導したのである。

地域組合論者の決め台詞は「農協は必ずしも農業振興を目的とする組織ではない」というものだが、こうした認識は広く農協関係者の中に広がり、困難な農業問題の解決は政府の責任であり、農協はひたすら協同活動に励めばいいという誤った雰囲気を農協運動にもたらすことになった。今から思えば、それは「ＪＡ綱領」が持つ負の遺産であった。

極論を恐れずに言えば、「ＪＡ綱領」は協同組合への関心を高めることにより、農協組織の維持発展には貢献したものの、組合員の協同活動で農業振興を行うという本来目的を果たすには不十分なものであるばかりか、その障害になったとさえ考えられる。

他方で不思議なことに「ＪＡ綱領」を見直すことは、農協にとって一種のタブーのようなものになっている。筆者が改定の必然性について発言するとそれだけで危険人物と目される始末で、その筆頭は全中関係者であり、これまで優良農協と目されている農協役員である。

協同組合に少しでも関心を持つ人にとって、従来の慣例によれば２０２４年はＩＣＡの「協同組合原則」が改定される時期にあたることは周知のことである（今回は改定作業が遅れ、早くても改定は２０２６年以降になると考えられている）。

「ＪＡ綱領」の前文に「協同組合原則」が掲げられていることを考えれば「ＪＡ綱領」

の見直しは当然すぎる農協の最重要課題であるが、第30回ＪＡ全国大会議案（２０２４年10月）では、一言の言及もない。

いくら全中が問題提起しないと言っても現在の「ＪＡ綱領」に協同組合原則が引用されている以上、早晩その見直しは必定である。そこで以下に「ＪＡ綱領」改定で想定される議論の内容について述べておきたい。

「ＪＡ綱領」の全体構成については、最初から書き直すことも考えられるが、ここでは今の綱領の姿を前提に考えてみる。まず、最初の前文については、ＩＣＡの「95年原則」が引用されているので、原則が改定されれば、当然この部分は修正されることになる。

また、綱領の後半部分に謳われている５つの行動規範については、基本的に見直す必要はないと考えられる。問題とされるべきは、綱領の前半と後半をつなぐ「このため、わたしたちは次のことを通じ、農業と地域社会に根ざした組織としての社会的役割を誠実に果たします」の部分である。

前述のようにこの中で述べられている「地域社会に根ざした」というたった９文字が、農協は農業振興だけでなく地域振興を行うという二つの目的を持つ地域組合であるという根拠にされ、これが現在の農協の経営理念になっている。

この解釈は明らかに論理の飛躍があり、また今回の農協改革において、農協の地域組合論は立ち行かなくなったことが明白になった。したがって、今後の農協理念をどのように考えるか、これが綱領見直しの最重要課題である。

この点について、筆者は今後の農協の経営理念について、正組合員と准組合員が一体となって農業振興に取り組む「農・食・環境問題への取り組みを通じた豊かな地域社会の建設」などが議論されなければならないと考えている。農協は正准組合員が一体となって農業振興に取り組む組織であることを内外に明らかにすべきと考えるからだ。

またこうした経営理念は、現在のように、つなぎの文章に入れる性格のものではなく、綱領の最初に簡潔明瞭に高らかに宣言されるべきものと思う。

第2節　みどりの協同活動の展開

1. 基本コンセプト～4つの戦略目標

新たな農協理念を以上のようなものとして考える場合、農協は今後どのような運動を展開していけばいいのか。このことに関して、筆者は「みどりの協同活動」を提唱したい。この方針は、全中で方針を決め全国運動として展開することが望ましいが、残念なことにそのことは期待薄で、農協やとくに都道府県中央会単位での取り組みが期待される。

新たな農協運動としての「みどりの協同活動」とは、これまで農協がとってきた既定路線としての地域組合論に基づく運動（自己改革運動）を転換し、正・准組合員が一体となって「農と食および環境」問題に取り組み、豊かな地域社会を建設する新しい農協理念のもとで展開される農協運動である。

協同活動については、かつてＪＡ全中の藤田三郎会長によって「協同活動強化運動」が提唱されたが、今回はみどりの協同活動として、新たな農協理念確立・展開のもとで取り組むことに特別な意義がある。

かつての協同活動は、どちらかといえば特定の目的を意識するものではなく、協同活動それ自体の意義を強調するものであったが、みどりの協同活動は、これまでの活動を踏まえ、農協の運動の原点に返った農業振興を目的とする正准組合員が一体となった協同活動を提唱するものである。

新たな農協理念の確立は、今回の農協改革での制度問題での完敗の反省をふまえ、その対応を図るものであるが、同時にそれは現在農協が直面している、例えば今後信用・共済事業収益へ多くを依存できないなどの組織・事業・経営問題に関する諸課題への対応策として考えられるものでもあり、言い換えれば、それはこれまでの信用・共済依存経営という成功体験からの脱却である。

中央会制度を失った今、農協は残された総合農協制度と准組合員制度を農業振興のために活用しなければならないが、それには既得権益の確保（制度依存）だけでなく、この制度を農業振興に使うため制度活用の進化を図らなければならない。

新しい農協理念の確立のもとでの農協の基本戦略は次の四つになる。

（1）農業振興のための総合農協制度、准組合員制度の全面的積極活用

（2）農業振興のための1000万人正准組合員の参加による組織・事業・経営の革新

（3）DX（農業・JA）による生産性の向上

（4）農業振興と准組合員対策の抜本策の策定推進

以上の基本戦略に基づき、農協はこれまで行ってきた事業利益の縮小を事業管理費の削減で賄うといった縮小均衡型の経営政策を転換し、「農・食・環境」問題への取り組みを通じて豊かな地域社会の建設を目指すという新たな経営理念のもと、成長戦略による経営政策・農協運動（みどりの協同活動）を進めることが重要である。

〈農業振興取り組みの基本認識と准組合員対策〉

① これからの農業振興の基本課題は農業の経営主体の確立である。農協はこれまで

営農団地構想、地域営農集団、集落営農という協同活動で農業の経営主体の確立を図ってきたが、この延長線上に位置づけられるのは農業の法人経営である。集落営農は統一した農業経営のマネージメント体制がなく、また構成員の高齢化等で大きな壁に当たっている。

②　法人経営はこれまでの農家の個別経営の協同活動による経営主体確立の限界を克服する農業経営における農法の改善・確立をめざす、農業版ワーカーズ・コープとしての農協活動である。スマート農業などは、大規模な農法改善などの前提条件がなければ導入は難しい。

③　ＡＩは、農業経営にとってその活用が最も適した分野の一つであり、農協は粗放的なエサ米生産や山地酪農・山地畜産経営の展開に取り組むべきである。

④　このため、農協は農家の個別経営主体の確立支援とともに、農業生産法人への出資に止まらず、直接農業生産に関与する農業法人経営などの取り組みを行う。農協は当面の目標として、とくに農協の直接農業経営を含め１０００農場構想を持つぐらいの気迫が必要である。

農業振興で決まって唱えられるのが「多様な担い手」という言葉であるが、しっかりした生産主体の存在なくしてそれは困難である。また、地域計画などで農地の集積が期待されているが、しっかりした生産主体が存在しなければ難しく、その役割を担えるのは農協しか見当たらない（以上については、第1章でも述べた）。

⑤ 准組合員を組織化し、主に食料の安定・安全供給、自然・社会環境保全の面から正組合員とともに農業振興に寄与する運動を展開する（この内容は「第4章　准組合員制度」で述べた）。

2. 主要具体策

(1) 組織運営

ア、みどりの教育文化活動の展開

農協の基幹支店を拠点にして、みどりの教育文化活動を展開する。みどりの教育文化活動は、従来の協同組合の教育文化活動を発展させた、正・准組合員を対象とした農業振興に関連する新たな農協としての教育文化活動である。

農業の基本価値・効用の活用については、正・准組合員が一体となった組織・事業活動として農協が総力を挙げて取り組む戦略的な重要課題である。その土台になるみどりの教育文化活動は、専門部署を設けて推進する必要がある。

またこの分野は、主に中央会の教育活動、家の光、新聞連からの継続的な情報提供といった農協の補完体制の構築が必要である。

イ、みどり部会の育成強化

ウ、准組合員に対する条件付き議決権の付与～ファーストペンギンへの期待

組合員組織、青年部、女性部に加え、准組合員組織としてのみどり部会の創設、育成を行う。みどり部会では組合員の自主的な協同活動として、管内農産物の買い支えや価格転嫁の研究、食品の安全性の確保など今日的課題に応える活動を提起・実践する。

またこうした取り組みには准組合員の農業振興に対する明確な意思表示が必要で、准組合員に対して制限付き議決権の付与などが検討されるべきである。何らかの形で准組合員に対して運営参画権が与えられて初めて、協同組合としての正常な力を発揮することができる。

（２）事業運営

ア、営農・経済事業

①農業者の所得目標はもとより、生産段階にまで踏み込んだ農協の地区内農業振興計画を策定・実践する。このことが農協にとって、今日的に最重要な課題である。

②信用・共済事業依存経営からの脱却として、営農・経済事業としての単年度収支均衡を実現する。このため、信用・共済事業からの収益補填は営農・経済事業に関する積立金とし、営農・経済事業の研究開発投資、緊急時の農家支援対策にあてる

という考え方を徹底する。

信用・共済事業で収益が確保できる以上、それを農家サービスにあてるようになるのは当然の帰結である。信用・共済事業を兼営しない他の企業がそうしているように営農・経済事業で単年度の収支均衡を前提としなければ、信用・共済事業依存経営から脱却するのは困難である。

③DXの推進によりコスト削減・生産性の向上をはかる。

（注）農産物の販売、生産・生活資材の供給という、行ったり来たりの物流機能を持つ事業体は全国で農協のほかに例を見ない。物流問題（2024年問題）に対応するため、この特性・優位性を生かし、AIを活用した全国一円の農協の子会社「ロジスティックカンパニー」の創設は真剣に検討されてよい。

④施設の老朽化に伴う集約化などの対策を講ずる。

イ、信用・共済事業等

①信用・共済事業は、農業振興に寄与する組合員の生活面の活動として取り組むとともに、収益の営農・経済事業への還元等によって農業振興に寄与する。

②信用事業においては地域農業振興のための相互金融の確立をはかり、とりわけ金利の正常化に対応した事業活動への転換を行う。

③　共済事業においては、組合員に必要な保障を十全に確保するため、ひと・いえ・くるまの総合共済を推進する。

④　農福、農泊事業については、農業の基本価値・効用を利活用する事業として位置づけ、積極的に推進する。二軸論否定の立場に立つとしても、農協事業を狭義の農業振興に矮小化すべきではない。

(3) 経営

以上を踏まえ、事業利益の減少に対して管理費の削減をはかるというこれまでの縮小均衡の経営戦略から、新たな農協理念に基づく成長戦略へと経営政策の転換を図る。

ア、基幹支店を中心に、信用・共済・購買事業は集中・集権、販売事業は分散・分権といった事業特性を踏まえた集中・分権型の経営を確立する。

イ、SNSを駆使したタテ・ヨコの情報の分散・一元管理を行う（事業タテ割り情報管理から組合員・世帯単位の情報管理への転換）。

ウ、「農業の基本価値」実現の役割を担った誇り高き役職員の意識高揚をはかる。

（注）以上の主要具体策については、第1章でも述べているので、併せて参考にして頂きたい。

〈コラム〉 集中と分権

集中・集権と分散・分権は、あらゆる組織において運営の基本課題である。官僚組織と会社組織は、どちらかといえば集中・集権型の経営が行われる。一方で、協同組合は共同体と機能体の統合組織だけに、どちらかといえば分散・分権型の経営が重視される。

またどちらの経営形態をとるかは、事業の特質によっても変わる。農協の場合は信用・共済事業、購買事業は集中・集権型の、販売事業は分散・分権型経営の特質を持っている。

集中・集権型の経営の特徴を持つ信用事業は、JAバンクシステムとして全国一つの銀行的運営が行われており、同じく共済事業は全国一律の組織二段階制（単位農協と連合会）になっており、単位農協では全国連の代理店的な運営が行われている。

購買事業も集中・集権型経営の特質を持っているが、実際には分権型の経営が行われている。もう半世紀以上も前になるが、日本にセブンイレブンが誕生したとき、全農でも一部で農村型セブンイレブン構想が持ち上がったが、単位農協の反対で実現することはなかった。

筆者もこの構想の実現にかかわった一人であるが、農村型セブンイレブン構想が実現していれば、農協の生活購買事業は全国を席捲する大きな力になったと思われる。今は遅まきながら、全農や農協でファミリーマートなどとの提携で事業が進められている。

こうした観点を考えれば、生産・生活購買事業や販売事業の機能を併せ持つ農協組織は、物流面で全国一円を対象とした「ロジスティックカンパニー構想」は検討されていいのではないか。AIを使った最適物流が実現すれば、大幅なコスト削減が期待できる。

ひるがえって、単位農協の経営実態はどうなっているのか。農協はこれまで、合併により組織の強化・効率化をはかってきた。その基本にあった考えは、協同活動の現場である単位農協の組織経営基盤を強化し、連合組織の効率化を行うというものであった。

一方で、信用・共済事業については、このことによってタテ割り、集中・集権型の運営が進行し、それは想定をはるかに超えたすさまじいものだった。それは果たして協同活動の現場である単位農協の組織経営基盤を強化するもであったのか、反省も残る。単位農協における基幹支店や地区本部ごとに集中・分権型の経営体制をどう構築するか、農協運営の基本課題である。

あとがき

1943年生まれの筆者が今さら何を言うのか、すべては次世代に任せればいいのではないかという声が聞こえてきそうだが、このことは後世の人に何としても伝えておきたいという思いからパソコンのキーボードに向かった。

前書きでも述べたように、全中（中央会制度）は筆者にとって人生そのものだったのであり、それ故中央会制度がなぜ崩壊したのかを明らかにするのは、筆者の人生における責任・義務でもあると考えたからである。

第2次大戦後80年、日本の今の社会経済構造の枠組みは、良くも悪くも占領下での連合国軍（GHQ）によって決定され今日まで来た。いま日本は国防政策を含め、その社会経済構造全般の見直しが求められている。

農業分野においても、戦後の農地改革、農協法の制定が農業政策の根幹にすえられてきており、それが今の日本農業や農協の姿をつくり上げてきた。今その枠組み自体が見直されなければならない状況にある。

本書は農協批判ではなく、現在の農協運動批判・農協運動転換の書である。総合農協制度と准組合員制度を持つ農協が、農業振興に果たす期待は大きい。もちろん全国には、農業振興に成果を上げている農協が数多くあり、本書はその方向に沿った運動転換の方向を示したものである。

一方で、世間的には農業振興について、農協がどのような役割を果たすべきか関心事にすらなっていないという現実がある。近い将来、農協分割が提起されてもさほど大きな反応は示されないのではないか。

本書の内容については、そういうことだったのかと思われる方や、今さら何を余計なことを言ってくれるものだと思われる方まで受け止め方はそれぞれであろう（筆者は本書の執筆中にこれは少し書き過ぎかなと思う一方で、数日経つとまだ書き足りないという不思議な心理現象に襲われた）。一方で、ここで記した農協運動の方向については、長い間制度に依存してきた農協の皆さんにとっては気が重いことだろう。

それでも重い腰を上げて、心機一転新たに農業振興に取り組んで頂きたいものである。また、本書の内容に取り組むことは、これまで与えられてきた制度を農業振興に向かってさらに進化させることに他ならず、制度依存にどっぷりつかってきた農協経営者にとって尋常な気持ちでことは進まない。時代を変える優れたリーダーの登場が待たれるゆえんである。

とくに農協においては中央会制度が廃止され、指導機関としてＪＡグループの頂点に立ってきた全中は一般社団法人に格下げされ、こうした変化は中央会においては徳川幕藩体制から明治維新への体制変化に例えられる。

全中は幕藩体制下の御用金と江戸城詰めの僅かな直参が残されたものの、幕藩体制下で持っていたすべての権限を失った。本書の題名を「いでよ、令和の坂本龍馬」としたらと冗談めかしに言う人もいるが、農協界にはいまそうした人材が求められているのは確かである。

また農協運動転換の取り組みは、リーダーだけに依存することでもない。今回の法改正で准組合員にも意思があることが初めて認められた。このことを契機に、心ある准組合員は農業振興のため積極的な行動を起こすべきではないか。

とくに農協研究について考えると、農協活動の現場と理論が完全に分離されている。筆者などは地元農協の准組合員である。農業生産には直接関与しない准組合員として農業振興のために何をすべきか、何ができるかという共通認識のもと、農協、都道府県、全国段階で准組合員連絡協議会などを結成して取り組みを進めることも考えられてよいのではないか。

本書が契機となってそのことの芽が出ることを大いに期待したい。同志のご意見を寄せてもらいたいものである。

筆者によれば、新たな農協運動転換へのターニングポイントは、山田俊男参議院議員の任期が終わる2025年の夏以降に訪れると思う。それは山田議員が中央会制度廃止の責任を取らず議員を続けたことと、これまでとられてきた地域組合論による農協運動の継続が密接に関連しているからだ。これを契機に、今後農協はどのような方向転換を行うのであろうか。恐らくそうれが農協にとって最後のチャンスになるだろう。

農協はよく出来た組織であるが、制度への依存性が高くそれ故一方で組織や人に利用されやすい組織である。今回の山田俊男議員・自民党支配の教訓を生かし、自主・自立の農協運動の展開を期待したい。

福間莞爾（ふくま　かんじ）

1943年台北市（台湾）生まれ（父親が総督府勤務のため）。県立大学（現島根大学生物資源科学部）在学中に、国家公務員上級職（農経甲種）試験合格（1964年）。農協監査士選任（1969年）。明治大学大学院経営学研究科終了・経営学修士（2007年）。農業経済学博士・東京農業大学論文（2009年）。

大学卒業後、全国農協中央会に入る（1965年）。旧農協法（2015年改正）下で畜産園芸対策部長、組織部長、教育部長、地域協同対策部長等を経て、全国農協中央会常務理事（1996年～2002年）、（財）協同組合経営研究所理事長（2002年～2006年）等を歴任。1999年に「ＪＡ経営マスターコース」を創設、副塾長を務める。

その後、ＪＡ経営マスターコース講師、鯉渕学園農業栄養専門学校客員教授等を経て、2006年から18年間にわたり、「新世紀ＪＡ研究会」の常任幹事等の事務局に携わる。農業・農協問題評論家。

（著書）

1．『転機に立つＪＡ改革』財団法人協同組合経営研究所（2006年）
2．『なぜ総合ＪＡでなければならないか―21世紀型協同組合への道』全国協同出版（2007年）
3．『現代ＪＡ論―先端を行くビジネスモデル』全国協同出版（2009年）
4．『信用・共済分離論を排す―総合ＪＡ100年モデルの検証と活用』日本農業新聞（2010年）
5．『これからの総合ＪＡを考える―その理念・特質と運営方法』家の光協会（2011年）
6．『ＪＡ新協同組合ガイドブック』〈組織編〉全国共同出版（2012年）
7．『新ＪＡ改革ガイドブック―自立ＪＡの確立』全国共同出版（2014年）
8．『「規制改革会議」ＪＡ解体論への反論―世界が認めた日本の総合ＪＡ』全国共同出版（2015年）
9．『総合ＪＡの針路―新ビジョンの確立と開かれた運動展開』全国共同出版（2015年）
10．『明日を拓くＪＡ運動―自己改革の新たな展開』全国共同出版（2018年）
11．『創造か破壊か―ＪＡ准組合員問題の衝撃と対策』全国共同出版（2019年）
12．『ＪＡ突破力の男―貯保を動かす（ＪＡイノベーションリーダー列伝萬代宣雄）』ペンネーム・宍道太郎　新世紀ＪＡ研究会（2021年）
13．『覚醒　シン・ＪＡ―農協中央会制度65年の教訓』ペンネーム・宍道太郎　全国共同出版（2022年）
14．『ＪＡ（農協）准組合員対策をどうする―新世紀ＪＡ研究会の「提言」を読み解く・准子と太郎の一問一答』新世紀ＪＡ研究会（2022年）

（インタビュー集）

『変革期におけるリーダーシップ』（協同組合トップインタビュー）財団法人協同組合経営研究所（2005年）

貶（おとし）められた司令塔
危機に立つ巨大組織農協（JA）　求められる新基軸

2025年４月25日　初版第１刷発行
著　者　福間莞爾
発行人　松田健二
発行所　株式会社 社会評論社
東京都文京区本郷2-3-10
tel.03-3814-3861　Fax.03-3818-2808
http://www.shahyo.com
装幀　Lunaエディット.LLC
組版・印刷製本　情報印刷株式会社